U0782322

Spiritual Culture
青心文化

在阅读中疗愈·在疗愈中成长

READING&HEALING&GROWING

全新修订本

念力的秘密

释放你的内在力量

The Intention Experiment

Using Your Thoughts to Change
Your Life and the World

［美］琳内·麦克塔格格特（Lynne McTaggart）｜著

梁永安｜译

中国青年出版社

目录

作 者 序

　　这本书是一个尚未完成的大计划的一部分，该计划以我 2001 年出版的《疗愈场：宇宙秘密力量的探索》一书揭开序幕。在为顺势疗法和灵能疗法寻找科学解释的过程中，我意外发现了一门正在形成中的新科学。

　　在研究期间，我偶然遇到了一群前沿科学家，他们花了多年时间回头检视量子物理学及其非比寻常的意义。其中有些人重新为一些曾被传统量子物理学家视为多余的公式恢复名誉。这些公式都是关于"零点能量场"的，即能量在所有次原子粒子间不断地来回移动所产生的量子场。"零点能量场"的存在意味着，由于量子不断地跳着交换之舞，使得宇宙间一切物质在次原子层次上全都连接在一起。

　　另外也有证据显示，在最基本的层次，我们每个人都是一个脉动的能量包，会与"零点能量场"的浩瀚能量海洋不停互动。

但最异端的证据则是意识所扮演的角色。上述科学家精心设计的实验显示出，意识是一种不受我们身体局限的物质，是一种条理分明的能量，它有能力改变物质。引导性思维作为目标似乎可以影响机器、细胞，甚至是像人类这般复杂得多细胞生物体。这种"精神胜过物质"的能力甚至可以超越时间和空间的限制。

在《疗愈场》一书中，我力求阐述清楚不同实验的意义，然后用一个统一理论将之归纳总结。《疗愈场》创造出一个各处互相连结的宇宙，并为许多深邃的人类奥秘（如另类医学、灵能治疗、超感官知觉、集体潜意识等）提出科学解释。

《疗愈场》显然触动了许多人的痛处。我收到数百封读者来函，告诉我这本书改变了他们的人生。一个作家想要把我写入他的小说里；两个作曲家因《疗愈场》而有了灵感，创作出了作品，其中一人还曾在国际舞台上演奏过；我主演了电影《兔子洞里到底是什么？》；我在《疗愈场》里说过的话也成了圣诞卡热门的引用句。

不过，这些回应尽管让人开心，我的发现之旅却几乎还是没有驶离出车站的月台。我在《疗愈场》里收集到的科学证据意味着一件不同寻常且让人困扰的事情：引导性思维在创造真实这件事上大概正扮演着核心角色。

将你的思维——或是科学家生硬地称之为"意念"或"意念的表现"的事物——作为目标，看来可以产生一种强大的能量，足以改变现实。一个简单的意念似乎就拥有改变我们世界的力量。

写完《疗愈场》之后，我对这种力量影响的范围感到疑惑，心中产生了许多疑问。例如，我怎样才能把已经经过实验室证明的事情应用在实际生活中？我可以像超人那样，站在铁路中间，光凭意念让9点45分的高铁停下来吗？我能靠引导性思维使自己飞起来，去修理屋顶吗？单凭意念我就能治好自己的病，从而把医生与治疗师从电话簿上删除吗？我可以只用念力就帮助儿女通过数学考试吗？如果线性时间和三维空间并非真实存在，那我是否能回到过去，把所有带给我永久遗憾的时刻抹去呢？这世界上的许多痛苦灾难真能凭我个人的小小意念而得以改变吗？

与此相关的证据所隐含的意义令人不安。那么，我们应该时时留意每一个微不足道的意念吗？一个悲观者的世界观会是"自我应验的预言"吗？任何负面思想——内心不断产生的批评与评判——都会对我们脑子外的世界产生影响吗？

环境的改变会不会影响意念发挥出正面的效力？不管在什么时候，意念总是能起作用吗？还是要视你本人、施用对象，甚至宇宙的状态而定？如果一个事物随时能影响另一个事物，那么它们彼此之间会不会互相抵制，让一切效果归零呢？

当一群人在同一时间产生相同的意念时，会发生什么事？这种意念会比一个人产生的念头更强有力吗？为了发挥最强的效力，一群志趣相投的人一定要相互接触吗？意念的效力是不是由"剂量"决定的，人数愈多就愈有效？

拿破仑·希尔被认为是第一位探讨自我实现的专家，自他的著作《思考致富圣经》出版以来，有关意念力量的书籍大量涌现。"意念"成为新时代最时髦的术语。另类医学的治疗师声称可以透过意念治愈病人，就连简·方达也教导别人"借助意念"来养育孩子。

我很疑惑，在这个大千世界中，到底什么东西是用来表示"意念"的呢？一个人要怎样才能真正成为意念力量的有效使用者？市面上充斥着大量未经证实的探讨意念的作品，这里谈一点东方哲学，那里谈一点戴尔·卡内基，却很少有人能够列举出科学依据，证明其内容的有效性。

为了回答以上所有疑问，我再一次转向科学，查阅了大量科学文献来研究"远程治疗""意念制动"，或是"精神胜过物质"，并走访了许多曾经做过精神胜过物质实验的国际知名科学家。《疗愈场》一书中提到的实验主要都是20世纪70年代进行的，这一次，我检视了近几年量子物理学诸多的发现，期待寻找到进一步的线索。

我也向那些试图驾驭念力和创造奇迹的人物（灵性治疗师、佛教高僧和萨满巫师等）求教，以便能够理解他们为有效地使用念力而进行的那些转化过程。我也发现了大量意念在实际生活中应用的例子，例如，在进行体育运动时和用

"生物反馈疗法"进行治病的实例。我还研究了当地居民是怎样把引导性的思维整合在日常生活习惯中。

然后，我开始寻找可以证明个人的众多意念比个人的单一意念更有效的证据。我收集到的证据相当鼓舞人心，主要是来自"超脱禅定法"（静思默念真言）。有证据显示，一群人如果心意合一，就能让本来随机的零点能量场变得较有秩序。

到了这个时候，我已经离开了前人铺好的道路。我所能告诉你的，就是在我面前展开的一片没有人居住的开放地域。

有一个晚上，我丈夫布赖恩（他在许多方面都是个天生的创业者）突然给我提了个看似荒谬的建议："为什么你不自己来搞些群体念力实验？"

我不是物理学家，也不是任何领域的科学家。我上一次做实验还是在初中的科学实验室。

但我却拥有许多科学家难以获得的资源：庞大的潜在实验群众。群体念力实验要在一般实验室里进行是异常困难的，研究者需要招募到数千个参与者才行。而他要怎样找到他们？要找什么地方来容纳他们？又要如何使他们在同一个时间想着同一个意念？

同一本书的读者就是一群理想的实验群众。他们既然会挑选同一本书来读，就代表他们大致有着相同的志趣，也因此会较有意愿参与同一个实验。事实上，透过电子报和其他《疗愈场》衍生的活动，我早已拥有一大批固定读者。

我把这个构想告诉给普林斯顿工程学院的荣誉院长罗伯特·雅恩和他的同事布伦达·邓恩，后者是心理学家，管理普林斯顿的工程异常研究（简称 PEAR[梨子]）实验室。两人是我在为写作《疗愈场》而从事研究时认识的。雅恩和邓恩花了大约 30 年时间刻苦研究，积累了一些令人信服的证据，证明念力可以影响机器。他们都是绝对的科学方法遵行者，绝不是信口开河的怪胎。雅恩是我见过的极少数说话时字斟句酌的人，而邓恩在实验和说话两方面同样追求完美。如果他们同意参与，我将保证我的实验计划不会漏洞百出。

他们两人身边也有一大批科学家可供调遣。身为国际意识研究实验室的负责人，他们的许多同事都是意识研究方面赫赫有名的科学家。邓恩也管理"梨子树计划"（PEARTree），其成员皆为对意识研究深感兴趣的年轻科学家。

两人听了我的构想后反应热烈。我们碰了好几次面，研究各种可行的方式。最后，他们找来了弗里茨—阿尔贝特·波普，请他进行第一回合的实验。我在撰写《疗愈场》期间就听过波普的大名。他是德国诺伊斯生物物理学国际研究所的副所长，也是第一个发现所有生物都会发出微光的人。因为这一发现，波普成了享誉国际的德国科学家，他也是一位严谨科学方法的坚持者。

其他愿意给我们当顾问的科学家还包括：亚利桑那大学生物场中心的心理学家加里·施瓦茨、思维科学研究所的副所长玛丽莲·施利茨与 IONS 资深科学家迪安·雷丁，以及"全球意识计划"的心理学家罗杰·纳尔逊。

我的这项计划没有任何幕后赞助商。网站运作和实验所需要的经费，从始至终都是靠这本书的收益或拨款提供。

从事实验研究的科学家大多不敢超出研究结果，去思考他们已经发现的事物的含义。所以，即使已经有了许多关于念力的证据，我还是要尝试着去思考这项研究更深层的含义，并把个别发现综合为一个统一的理论。为了用文字来描述一些通常用数学公式表达的观念，我有时不得不借助比喻的方式。有时候，在参与的科学家们的协助下，我还会同他们一起做出大胆的猜测。需要记住的是，本书得出的结论是一门非常前沿的科学的结晶，而这些观念仍在"建构中"。毫无疑问，总有一天会出现新证据，使最初的结论更为全面、更加完善。

再次对顶尖科学发现者的工作进行研究之后，我不由得肃然起敬。在十分普通的实验室内，这些从事研究的名不见经传的人完全称得上是无名英雄。他们的整个事业生涯犹如在黑暗里孤单地摸索，其研究方向大有可能让他们失去研究补助，甚至学术职位。而他们中的大部分人还得四处筹措资金，好让研究继续进行下去。

科学中的一切进步都带点异端邪说的味道，因为每一个重要的新发现即便没有全盘推翻当今主流的观点，也会将其部分否定。要当一个货真价实的科学探险者，必须无所畏惧，任凭实验结果说话；必须无惧于证明朋友、同事或某个科学典范是错的。这样的人虽然是透过冷冰冰的实验数据和数学公式说话，但内在却包含着一颗火热的心，希望透过艰苦的实验缔造一个新世界。

琳内·麦克塔格特

2006 年 6 月

引 言

《念力的秘密》不是一般的书，各位也不是一般的读者。这本书是没有结尾的，因为我想邀请各位帮我把它完成。各位不只是这本书的读者，还将会是这本书的主角——最前沿的科学研究的主要参与者。各位要做的事很简单，那就是参与有史以来最大的一场"精神胜过物质"的实验。

《念力的秘密》在三个方面是第一本"活"的书。就某种意义而言，这本书只是一个序，"正文"要有待您读完这本书最后一页之后才会开始。在这本书里，各位可以找到各种证明自己意念威力的科学证据。然后，可以通过参与一个非常大的、持续进行中的国际群体实验来测试更深层次的可能性，这些实验都由一些在意识研究领域德高望重的科学家设计和指导。

通过"念力实验网站"（www.theintentionexperiment.com），你和这本人类书的其他读者可以参与各种远距离实验，结果会张贴在网上。各位将会成为科学家，在有史以来实施过的最大胆的意识实验中共襄盛举。

本书奠基于一个看似相当古怪的前提：意念可以影响物质现实。过去三十多年来，世界各地都有声誉卓著的科学机构通过实验研究意识的本质，证明了意念能影响任何东西——从最简单的机器到最复杂的生物体。这一证据显示，人的思维与意图就像实际的"物体"一样，具有改变世界的惊人能力。我们拥有的每个意念都是具备转化力量的有形能量，它并不只是单纯的事物，它还能够影响其他事物。

意识可以影响物质这一核心观念存在于古典物理学的世界观（研究巨大的有形世界的科学）和量子物理学的世界观（研究世界上最微小元素的科学）所造成的不可调和的差异中。它们的差异主要在于对物质的性质和物质是如何被影响的看法不同。

所有古典物理学，乃至其他科学，全奠基于牛顿1687年在《自然哲学的数学原理》一书中所提出的运动与重力定律。牛顿的定律把宇宙理解为一个三维空间，在其中，所有物体皆根据固定的运动定律移动。物质被认为是不可侵犯且独立存在的，有自己固定的界线，任何的交互影响都需要透过力或碰撞之类的物理现象来进行。想改变某物的状态，需要通过加热、燃烧、冷冻、从高处丢下或是给它狠狠一脚的方法才可以。

著名物理学家理查德·范曼曾把牛顿三大定律形容为科

学界伟大的"游戏规则",而其中心前提(事物彼此独立存在)则深深烙印在我们的哲学世界观里。我们相信,不管自己做了什么或想些什么,并不会对周遭的一切生物及其进行的激烈活动产生任何影响,晚上睡觉时,世界也不会在我们闭上眼睛后就消失。

然而,随着量子物理学的先驱开始把目光投向物质的核心,这种认为宇宙就是一个独立的、按规律运行的物体集合的观点在 20 世纪初期受到了冲击。他们发现,宇宙间最小的物质(客观世界的组成部分)并不按照科学家迄今已知的任何法则行事。

这种出格行为后来被概括成了一组观念,也就是著名的"哥本哈根诠释"。哥本哈根是丹麦大物理学家尼尔斯·玻尔及其得意弟子德国物理学家维尔纳·海森堡构想出他们非凡的数学发现的可能含义之地。玻尔和海森堡意识到,原子并不是如台球般的微型太阳系,而是混乱得多的东西,即极小型的"电子云或然率"。每一个次原子粒子并不是固态或稳定的东西,而是存在于未定状态中,充满各种可能性,是其各种未来可能性的总和——用物理学术语来说,则是其各种未来可能性的"重叠"。换句话说,这样的粒子就像人在一间镜厅里注视着自己。

他们得出的结论之一是"不确定性"这个概念:你永远不可能一次就确知次原子粒子的一切。例如,即便你发现一个次原子粒子的位置，也仍然无法在同一时间得知它要往那个方向走，或以什么速度前进。他们把一个量子说成既是粒子——一种凝结的固定的东西——又是"波"，也就是在一大片混乱的时空区域中，量子可能占据其中任何一个位置。这就好比是用一个人来指称他所住的整条街。

他们的结论意味着，在最基本的层次，物质并不是固态和稳定的，甚至不是任何东西。次原子现实与古典物理学所描写的固态和可靠状态大异其趣，它更像飘忽不定的东西，充满无限可能性。由于最细小粒子的本质是如此善变，以至于第一批量子物理学家不得不借助象征的手法来做出说明。

在量子层次，现实就宛如未凝结的果冻。

由玻尔、海森堡与其他科学家发展出来的量子理论动摇了牛顿物质观的根本基础（事物是独立、分离的）。他们认为，在最基本的层次，物质无法被分割为独立存在的单位，甚至也无法被充分描述。独立存在的事物是没有意义的，它们只有彼此联系成动态的网状关系才产生意义。

量子物理学的先驱还发现，尽管缺乏物理学家了解的所有能够产生影响的平常物体，但量子却具有互相影响的惊人能力。举例来说，根据古典物理学，任何一个物体要影响另一物体，必须以有限速度进行力的交换才行，但量子却不是这样。

两个粒子一旦接触过，彼此就会保持神奇的远程控制。

不管后来相隔多远，其中一个次原子粒子的活动（如磁定向）都会实时影响到另一个。

在次原子层次，改变也可以是来自能量的动态交换：透过"虚拟粒子"这和中介，那些小小的振动能量的信息包会彼此不断地来回传递能量，就像是篮球比赛中的往返传球。其结果则是在宇宙中创造出一片深不可测的基本能量层。

次原子物质似乎是在不断地交换信息，因而产生了持续的完善和细微的变化。所以，宇宙不是一个存放静止、独立的物体仓库，而是由不断转换且相互连结的不同能量场所形成的单一有机体。在极其细微的层次，我们的世界类似一个巨大的量子信息网络，其所有组成成分不断以电话的形式保持联系。

唯一可以让小电子云或然率固定下来和变成可测量的方式，是允许一个观察者的介入。一旦科学家决定通过测量对次原子粒子进行更彻底的观察，亚原子实体的存在状态就会从纯粹的潜在状态"垮塌"，成为特定状态。

这些早期实验的发现意义深远：流动的意识是可以把某些可能转变为现实的。看来，在我们对一个电子进行观察或测量的同时，似乎也帮助它确定了最后的形态。这说明创造宇宙的最基本材料就是观察者的意识。量子物理学的几位核心人物都主张，宇宙是民主的和鼓励参与的：是观察者与被观察者携手创造的结果。

量子实验中的"观察者效应"又催生出一个有违常理的见解：流动的意识是将未建构的量子世界转化成为类似日常世界的东西这一过程中最重要的组成部分。它表明，不只是观察者把被观察者带入了具体的存在状态，宇宙中也没有实际的"东西"能独立于我们对它的感官知觉之外。

这意味着，是观察者的观察（换言之，是意识的介入）把果冻给凝结下来的。

这意味着，"真实"并非固定不变，而是流动或变动的，因此，是可以被影响的。

认为意识可以创造甚至可能影响宇宙的观念，同样挑战着当今主流科学的意识观。这一观念继承自 17 世纪的哲学家笛卡尔，他认为意识与物质是互不相干的，并且最终接受了意识完全是由脑子所产生，并一直封闭于我们头颅里面的观念。

大部分的现代物理学家都懒得理会这个重要谜题：为什么"大东西"是各自独立的，而构成它们的微小的组成部分却实时且不停地交换着信息？有半个世纪的时间，物理学家总是理所当然地假定：当次原子粒子（如电子）聚合成大东西时，其特性就会发生改变，开始遵守古典物理学的法则行事。

总的来说，科学家不再为量子物理学带来的难题烦恼，任由量子物理学先驱留下的问题悬而不决。对他们来说，量子理论只要在数学上行得通、能提供一个有成效的秘诀帮劲我们理解次原子世界、有助于制造原子弹和激光，而且能够解构分析太阳辐射的本质就够了，其他的都不重要。今天的物理学家已遗忘了观察者效应。他们自满于各种精巧的公式，相信有朝一日自然会出现一个统一的理论，他们希望这一构想可以把各种矛盾的发现归纳成一个集中的理论。

30 年前，当其他科学社群仍继续死记硬背时，全球一些有名望的大学中一小批前沿科学家停止思考哥本哈根诠释和观察者效应的哲学意义。如果物质是可变动的，而意识又可让物质固定下来，那么，说不定意识也可以把物质推向某个特定方向。

这些研究可以归结为一个简单的问题：如果说被动的注意力可以影响物质，那故意想要有所改变的意念的效应又是如何？以观察者的身份参与到量子世界的时候，我们说不定不只是个创造者，还可以是个影响者。

他们设计并做了一些实验，去测试他们给予笨拙标签的"引导性远距意志作用"或"意念制动"，或者简单说，就是"意念"或"意图"。一本教科书这样定义"意念"：有计划地采取某种行动，而这个计划会带来渴望的结果。

意念不同于渴望，渴望只意味着聚焦于结果，没有任何可以取得结果的计划。而意念却是指向意念者的行为的，它需要某种推理，需要有付诸行动的决心。意念隐含着目的性，具有对行动计划的理解以及达到预期的令人满意的结果。思维科学研究所副所长施利茨是最早研究远距作用力的科学家之一，她把意念定义为"意识的投射，带有目的性和效率性，朝向某个对象或结果"。他们相信，想要用意念影响物质，念头必须非常专注，而且动机强烈。

在一系列不同凡响的实验中，这些科学家找到证据，证明某些引导性意念可以影响人体、无生命物体和各式各样的生物（从单细胞生物到人类）。这一小群科学家中的两个主要人物是普林斯顿大学普林斯顿工程异常研究实验室前工程部部长雅恩及其同事邓恩，他们共同设计了一些奠基于"硬科学"基础的精密学术研究计划。在 25 年的时间里，两人致力于研究他们所谓的"微型隔空移物"，通过随机事件发生器来量化实验结果。

随机事件发生器输出的内容（电脑化的正面和反面）由正、负电脉冲的随机交替频率控制。由于它的活动完全随机，所以根据概率法则，每一次会出现甲画面还是乙画面，概率大约都是五成。在随机事件发生器实验中，最常见的是个会随机交替出现两种有吸引力的画面——比如，牛仔和印第安人——的计算机屏幕。受测者被请到屏幕前，分三个阶段进行实验：第一个阶段尝试用意念增加牛仔的出现次数，第二阶段尝试用意念增加印第安人的出现次数，第三阶段则试图不去影响机器。

在超过 250 万次这样的实验中，雅恩和邓恩明确地证明了人类意念可以在指定的方向影响这些电子装置。他们的发现后来分别被 68 位研究者独立印证。

普林斯顿工程异常研究实验室的研究重心是心灵对无生命物体和事物发展过程的影响，但有些科学家则设计实验来研究心灵对生物的影响。许多不同的实验者都证明，人类意念能影响各式各样的生物系统：细菌、酵母、海藻、虱子、小鸡、沙鼠、老鼠、猫和狗。也有实验者以人为对象，结果证明意念能影响他人身上许多生理器官，如心脏、眼睛、脑和呼吸系统等明显可见的原始动能。

经证明，动物一样可以使用有效念力。其中一个匠心独具的实验由法国南特 ODIER 基金会的勒内·佩奥克所设计。他把一部会移动的随机事件发生器做成机械母鸡，让一群小鸡一出生就把它认为是母鸡，然后再把"母鸡"放在关小鸡的笼子外，任其随机行走，移动的路径则被记录下来。结果发现，机械母鸡走近小鸡的次数是平常的 2.5 倍。由此可推断，机械母鸡的活动受到了小鸡意念的影响：它们希望妈妈走近。在类似的 80 个实验中，其中一个实验是在一部会移动的随机事件发生器上放蜡烛，把一群小鸡放置在暗处。结果，机器走近鸡笼的次数是正常情形的好几倍。唯一的解释是小鸡怕黑，想要有光的慰藉。

最大型、最有说服力的研究是由威廉·布劳德做的。布劳德是心理学家，当过得克萨斯州圣安东尼奥心灵科学基金会的研究中心主任，后来则是超个人心理学研究所的主任。他和同事证明人的意念可以影响鱼的游动方向、其他动物（如沙鼠）的行走方向，也可以导致实验室里的细胞破裂。

布劳德也设计出一些意念影响人体的最早的、控制良好的实验。在一组实验中，他证明了一个人的意念能影响他人的自律神经系统，或称攻击或逃离反应机制。皮层电性活动是一种皮肤抵抗力的测量方式，可以显示出一个人的紧张状态；当一个人觉得焦虑不安或因为某种理由而不自在时，他的皮层电性活动就会发生改变。根据这个原理，布劳德把受测者两个两个分为一组，放在不同房间，要其中一个不时透过荧光幕瞪另一个。布劳德的研究测试了人在被盯着看的情况下意念对皮层电性活动的影响效果，这是最简单的得出远距离影响在人类身上的效果的方法之一。他的实验反复证明了，当人被瞪时，会下意识感到不安。

而被人研究得最多的远程影响领域大概就是远距治疗。迄今为止，总共已约有 150 个相关实验，科学严谨度各不相同。设计得最好的实验之一是由已故的伊丽莎白·塔尔格博士所构思。在 20 世纪 80 年代艾滋病流行的高峰期，她设计了一个新颖的、控制程度很高的研究，找来 40 个远距治疗师对分处美国各地的艾滋病晚期病人进行治疗。虽然治疗师与他们的病人从未见过面或接触过，但病人的健康状况都大为改善。

就连一些最粗浅的精神胜过物质实验也显示出引人注目的成果。在早期，这一类实验的意图之一是测试心灵能否影响掷骰子的结果。至今已有过 73 个相关实验，共测试了 2 500 个人对 250 万次投掷骰子的影响，取得了意想不到的成功。将所有的研究结果进行分析，考虑到质量或是有选择性的报道，如果说是巧合，会发生这种巧合的概率是 $1/10^{76}$。

折弯汤匙这种经久不衰的聚会表演是由具有特异功能的尤里·盖勒发扬光大的，而对这种现象进行的实验也出现了引人注意的成果。伦敦大学伯克贝克学院教授约翰·哈斯特德曾以此对儿童进行过一个巧妙的实验，他把一些钥匙悬挂在天花板上，让小孩站到 1~3 米之外，以防他们直接接触到钥匙。然后哈斯特德叫他们试着用意念折弯钥匙。这些钥匙都系着力量感应测量器，只要有任何变化，都会被线图记录器侦测到并记录下来。实验期间，哈斯特德不只看到钥匙轻微晃动甚至激烈摆动，还发现钥匙突然爆发出高达 10 伏特的电压脉冲——线图记录器的记录范围有限。尤有甚者，当哈斯特德要求小孩同时尝试用意念折弯几根分开挂着的钥匙时，每个记录器记录的这些钥匙的反应竟完全一致，如同这些钥匙是一起受到影响的一样。

更神奇的是，许多意念制动的实验都显示，不管意念发送者与其对象相隔多遥远或在何时发出意念，任何种类的意念影响都会产生可测量的效果。这反映出，念力的力量超越了时间和空间的限制。

这些研究表明，古典物理学教科书里的法则不是放之四海而皆准的。心灵显然是以某种方式与物质不可分地连结在一起，而且的确有能力改变物质。不必通过外力的作用，仅通过形成一个意念的简单动作，物质就可以受到影响，甚至是不可逆转地被改变。

尽管如此，这些前沿科学家的实验结果仍留下三个基本问题尚待回答。意念影响物质的物理机制何在？在我撰写本书期间，一些测试祷告效力的实验以失败收场，这些实验被广泛报道。换句话说，是不是某些环境或心灵准备步骤会更容易让意念成功地发生效力？此外，意念的力量有多强，是好的还是坏的？而意念改变我们生活的程度究竟有多大？

大部分有关意识的初步发现在三十多年前就已取得。稍微近期的发现（来自全球各地的前沿量子物理学及实验室）为上述三个问题提供了部分答案。它们显示出，我们的世界是高度可塑的，允许持续不断的细微影响。而近期的研究者又证明了，生物体总是不断在发送和接收测量得到的能量。意识的新理论模型将之描述为能够逾越各式各样的物质边界的实体。意念看来是一种类似于音叉的东西，可以引起宇宙中其他物体的音叉以相同频率共鸣。

根据精神胜过物质效果的最新研究，我们知道，意念多变的效果颇受发念π者本人的心绪状态、发送地点和发送时间所影响。目前，念力已经被应用在许多领域，包括医治疾病、改变物理过程以及影响事件。它不是一种特殊天赋，而是学来的技巧，因此是可以教的。实际上，我们在日常生活的许多方面已经不自觉地使用意念的力量了。

还有一批实验显示，意念威力能否倍增取决于在同一时间思考同一个意念的人的数量。

《念力的秘密》分为三大部分。主体部分（第一章至第十二章）试图把既有的关于意识的实验证据综合在融会贯通的科学理论里，指出念力是如何运作、怎样把它用于生活，以及什么样的条件可优化它产生的效果。

第二部分（第一三章）是一幅蓝图，教导读者如何在生活中通过一系列练习和推荐来有效使用念力，进行自我"充电"。这部分同时也是一种前沿科学的练习。我不是人类潜能专家，所以本书并不是一本自助手册，而是一趟我自己以及各位自身的发现之旅。我从描写这些状况的实验证据中推断出这一计划在意念制动实验室体验中产生了最积极的效果。我们绝对确定这些技巧都曾在受控制的实验室环境里成功产生效果，至于它们能不能在各位的生活里起作用，我们则不敢保证。事实上，练习念力、利用念力，你就等于是在进行一个持续不断的个人实验。

本书的最后一部分包含一系列个人与群体实验。第十四章勾勒出一连串各位可以在生活中独立进行的念力实验。这些迷你实验将成为实验的几个部分，以得出更大的结论。各位可以把结果贴到我们的网站上，与其他读者分享。

除个人实验外，我也设计了一系列大型群体实验，供本书读者参与（见第十五章）。在经验丰富的科学团队的协助下，"念力实验网站"会定期举行大型实验，让读者测试自己集中念力是否能对科学性的可测量目标产生显著效果。

各位需要做的只是读这本书，消化它的内容，登录网站（www.theintentionexperiment.com），然后根据本书后部的指示和练习，在网站上描述时发布一些非常具体的意念。第一回合实验将会由德国诺伊斯国际生物物理学研究所副所长波普主持，由他的 7 人团队、亚利桑那大学心理学家施瓦茨、思维科学研究所的施利茨和雷丁共同协助主持。

网页制作专家与我们的科学团队协同设计了一份登录协议书，以便能够知道群体的各种特质或是他们意念的各方面，并加以分类，让实验获得最有效的效果。每一次念力实验都会选择某一特定生物体或一群人作为对象，这样可以测量出群体意念所产生的变化。我们从低等生物海藻开始（参考第十二章），逐渐增加难度，被选择作为实验对象的生物一次比一次复杂。

我们的计划是很有雄心的，最后将会处理一些社会疾病。最终的目标之一是有伤口的病人。众所周知，伤口的愈合有固定的、可测量的速度和准确的模式，任何偏离正常值的情况皆可被精确测量出来，并表明一种实验效果。就这个例子而言，我们想知道群体念力是否可以让伤口愈合得比一般情形更快。

当然，各位不是一定要参加我们的实验。如果各位不想参与，也可以看看别人的念力实验结果，利用一部分信息来了解如何把念力应用在生活中。

请不要随便参与这项实验。为了保证实验结果的正确性，大家最好事先阅读一下这本书，完全领会书的内容。实验证据表明实验最有效的人都像运动员训练肌肉一样训练了他们的大脑，从而增加了他们的成功概率。

由于不鼓励玩票式的参与，"念力实验网站"需要复杂的通关密语方能进入实验网页。通关密语都是由本书提到过的字眼或观念构成（几个月会略为调整一次）。想要参与实验，需要输入通关密语，而这表示，各位需要读过本书和了解它。

我们的网站设有一个时钟（根据美国东部标准时间与格林尼治标准时间调定）。网站不时会发出通知，请各位在某一天的某一个时刻，用经过严格规定的字句，向某个对象发送念力。

一旦实验完成，资料将会由我们的科学团队分析和处理，再由中立的统计学家检查，之后公布在网上和本书的后续版本之中。因此，该网站乃是各位手上拿着的这本书的续集。你只要定期上该网站，查看实验的日期，就等于是在不断参与本书的写作。

已经有数百个构思甚佳的群体意念和远程意念影响实验显示群体意念可以产生显著效果。不过，我们的一些实验也许在一开始或者之后都无法获得可作为论证的、测量得到的效果。但不管结果如何，身为久负盛名的科学家和客观的研究者，我们有责任报告所得到的数据。就像所有科学一样，失败也是有教益的，能帮助我们不断修改实验的设计以及它们所奠基的前提。

读这本书的时候，各位应该要记住，它是一部有关前沿科学的作品。而科学是一个无休止的自我纠正过程，许多当初被认定是事实的假设后来往往遭到丢弃。所以，本书许多（甚至大部分）结论日后必然会得到修正或补充。

通过阅读本书和参与它的实验，各位将可为人类知识带来建树，甚至可能进一步改变世人对世界是如何运作这一问题的理解。事实上，群体念力的力量说不定能逆转潮流，修复和更新这个星球。个人的声音是单薄而难以被听见的，但千万个声音汇流在一起，可以形成一首汹涌澎湃的交响乐。

我写《念力的秘密》的目的是展示意识的不凡性质与力量。说不定它可以证明，想要改变世界，我们只需要同心合意就能办到。

第一篇·念力的科学

一个人是我们称为"宇宙"的整体的一部分，是一个被限制在时间和空间中的部分。他体验自己，自己的思想与感情，体验到自己的存在与宇宙的其余部分不同——但这只是他意识的一种错觉。

——阿尔伯特·爱因斯坦

第一章　变动不居的物质

　　银河系中很少有地方比汤姆·罗森鲍姆实验室里的那个氦稀释制冷机更冷。那是一个房间大小的圆形装置，有许多圆柱形管子，温度可以降低到只比绝对零度（即近乎华氏 –459°）高几千分之一度。换言之，比外层空间的最远处还要冷上 3 000 倍。要达到这个温度，需要让液态氮和液态氦先绕着制冷机流转两天，再用三个泵不停地向外喷射出气态氦，使温度降到最低点。由于几乎没有一丝热度，原子在物质里的前进速度慢如乌龟爬行。在这么冷的环境下，宇宙的运动趋于停摆，与科学上的极冷地狱相同。

　　绝对零度是罗森鲍姆这一类物理学家最爱的温度。罗森鲍姆 47 岁便是芝加哥大学物理系的杰出教授，并担任过詹姆斯·弗兰克研究所所长。他是实验物理学家中的尖兵，喜欢探索凝聚态物理学中无序现象的极限，透过打乱液体和固体的潜在秩序，研究它们的内在运作。在物理学中，你若是想知道某物的行为模式，最好的方法就是让它不自在，看看会有什么事发生。打乱它的秩序的一般方法是加热或通过磁场施加影响，这决定它被打乱后是怎么反应，以及原子会选择哪一个自旋方位（又称磁定向）。

　　他在凝聚态物理学领域的大部分同事都喜欢研究对称的系统，比方说结晶固体，因为它们的原子排列得整整齐齐，就像鸡蛋盒里的鸡蛋。罗森鲍姆却偏偏喜欢内在无序的奇怪系统（传统的量子物理学家贬称这种系统为"脏污"）。罗森鲍姆相信，透过研究"脏污"，我们可以揭开量子宇宙未知的秘密。他乐于在未知的地域航行。正因为这样，他喜欢接受自旋玻璃的挑战。自旋玻璃是一种带有磁性的奇怪结晶体，严格来说是一种流动缓慢的液体。与一般结晶体不同（一般结晶体的原子都是朝同一方向完美地排列），自旋玻璃的原子皆难以控制，极端混乱无序。

　　罗森鲍姆使用极低温去减缓这种奇怪结晶体的原子的运动速度，从而把它们看个仔细，探讨出它们的量子力学本质。当温度接近绝对零度时，自旋玻璃的原子会近乎静止不动，开始表现出一些新的集体特质。罗森鲍姆因最近的发现所着迷，他发现，一旦冷下来，原本在室温中无序的系统会表现得循规蹈矩，原子不会再各行其是，而是变得协调一致。

　　研究分子在不同环境中的群体行为，对我们了解物质的本质至关重要。所以，对想要展开发现之旅的我来说，罗森鲍姆的实验室无疑是最适合不过的起点。在这里，在超低的温度下，一切都以慢动作上演，宇宙最基本成分的真正本质说不定会因而被披露。我想要找到证据，证明物理宇宙的组成部分（我们认为已经全部认识到的）是可以发生根本改变的。我也好奇，观察者效应之类的量子行为会不会发生在次原子的世界之外，即发生在日常生活的世界。古典物理学认为，世界上的所有物体与生物都是不可逆转的事实，最终化的集合，只有透过牛顿物理学的"蛮力"，才可加以改变。但罗森鲍姆在他制冷机里取得的发现，说不定能提供重要线索，说明世界上所有的物体与生物如何由意念的能量所影响，甚至最终改变。

根据热力学第二定律，宇宙中的任何物理过程，都是从较大的能量状态渐减为较小的能量状态。例如，投掷一块石头到河里会产生涟漪，但涟漪会逐渐变小，最终停止。一杯热咖啡放久了必然变冷。任何事物都会不可避免地分崩离析，换言之，任何事物的旅程只有一个方向：从有序走向无序。

但罗森鲍姆相信，事情未必绝对如此。根据他近年对无序系统的研究，某些物质在某些环境下会违背"无序状态法则"，也就是变得紧密而不是分崩离析。物质可以向相反的方向行进，即可以从无序走向有序吗？

在10年的时间里，罗森鲍姆和他在詹姆斯·弗兰克研究所的学生一直对一小块氟化锂钬盐进行研究。在他的制冷机里放着那样一片完整的玫瑰色结晶，它比笔尖还要小，被包裹在两层铜线圈里。罗森鲍姆对自旋玻璃做过多年实验以后，被这些令人眼花缭乱的小标本所吸引，它们是地球上最自然的磁性物质之一。当它的内部结构被改变得面目全非，进而变成一种无序物质之后，这一特质最适合用来研究无序状态。

罗森鲍姆首先命令实验室的工作人员，将钬、氟和锂（周期表里的第一种金属元素）相结合，制出结晶。结合出来的氟化锂钬盐协调一致、可以预见，是种高度有秩序的物质，每一个原子就像微型罗盘一样，全都指向北方。罗森鲍姆蓄意破坏盐块的原始结构，交代实验室一次一点，挖掉里面许多的钬原子，改放入钇（一种不具天然磁力的银色金属元素），最后得出奇怪的合成物，一种称为"四氟化钇锂钬"的盐。

在除去合成物几乎所有的磁性成分后，罗森鲍姆创造出一种自旋玻璃合成物，这里头的原子全都指向各自喜欢的方向。他通过非计划性的方式，漫不经心地创造出诡异的新化合物，灵活地操作类似钬这种元素所拥有的基本特性，这个过程有点类似最终以物质来控制物质本身。靠着这种新的自旋玻璃合成物，罗森鲍姆几乎可以全凭喜好改变合成物的特性：让所有原子都指向同一个方向，或是以某种随机模式冷冻它们。

然而，罗森鲍姆的无所不能却碰到了限制，这种钬混合物以某种方式自行运作，而不是按其他规则。有一件事情他无法做到，那就是使它们遵守基本的热力法则。不管他把制冷机温度降得多低，里面的原子就是拒绝按照指定的方向排列，它们就犹如一支不肯齐步走的军队。如果说罗森鲍姆对自旋玻璃来说是万能的上帝，那合成物就是不听话的亚当，倔强地拒绝遵守上帝设定的最根本的法律。

对这种奇怪现象同样好奇不已的是罗森鲍姆的女学生莎亚坦尼·高希——一位有望成为明星博士的候选人。高希是印度人，以一级荣誉学位毕业于剑桥大学，然后在 1999 年选择了罗森鲍姆的实验室进行博士研究。她几乎马上就得到了文策尔奖——这一奖项由芝加哥大学物理系颁给最优秀的一年级研究生教学研究助理，每年颁发一次。高希年仅 23 岁，一头浓密的黑发，乍看性格腼腆，但敢于冒险的精神却让同侪与老师都十分钦佩。她在理科学生中很罕见，她有本领把复杂的物理学观念讲解得清楚明白，让本科学生也能理解。文策尔奖设立 25 年来，她是第二位获奖的女性。

根据古典物理学的定律，对一种物质通过磁场施加影响，会打乱其原子的磁排列。而物质受磁场影响的程度被称为该物质的"磁化率"。一般情形是，如果无序的物质受到磁场的影响，通常会反应一段时间，再随着温度降低或磁汤达到磁饱和而上升和下降。这时，原子将无法再按照磁场的方向蹦跳，速度也会减慢。

在高希进行的第一轮实验中，四氟化钇锂钬的原子一如预期，在受到磁场的影响下变得非常狂野。不过，随着高希把磁场增强，奇怪的事情发生了：她把频率调得愈高，原子蹦跳得愈快。尤有甚者，原本杂乱无序的原子竟开始指向同一个方向，就像是正在集体行动。然后，由 260 个原子排成的一个个小群体，形成"振荡器"，同时朝一个方向或另一个方向旋转。不管高希再怎样加强磁场，原子就是顽固地彼此一致，行动一致。这种自我组织持续了 10 秒。

起初，高希和罗森鲍姆猜想这种奇怪的反应可能是剩下的钬原子在作怪。众所周知，钬是世界上少数几种远距离内力最强的物质之一，有些科学家认为它的磁力是存在于另一个空间的，并且在数学上也证明了这一点。罗森鲍姆虽然不清楚要怎么解释他们所观察到的现象，但他还是把结果写成报告，发表于 2002 年的《科学》期刊。

然后，罗森鲍姆决定要做另一个实验，以分离出可以让结晶体无视外来影响的基本特性。他放手让自己聪明的女研究生去设计实验，只建议她为她要去做的实验建立一个计算机三维空间数字模拟。在对极微小物质的性质进行实验时，物理学家必须依赖计算机模拟才能在数学上印证他们在实验中看到的结果。

高希花了几个月时间编写计算机程序，建立模拟。她计划对晶体片运用两种扰乱系统——更高温度和更强磁场——去多了解四氟化钇锂钬的磁化率。

高希把四氟化钇锂钬放在 1×2 英寸大的铜托盘里，之后在小的结晶体上绕以两个铜线圈，一个是梯度计，用以测量它的磁化率和个别原子的旋转方向，另一个线圈则用来阻挡所有影响原子内部的外来磁力。

与个人计算机联机让她可以改变电压、磁场与温度，计算机也会记录下她更改各种变量所带来的变化，甚至是十分微小的程度。

高希先是降低温度，一次降几分之一 K（Kelvin，绝对温度单位），然后开始施加更强磁力。让她惊讶的是，那些原子竟然稳定地排列着。于是她反过来调高温度，发现原子继续排列整齐。不管她做什么，在任何情况下那些原子就是对外来干预置之不理。虽然她和罗森鲍姆已经除去结晶体的大部分磁性成分，但它的磁性好像越来越强。

真怪，她心想。也许她应该收集更多的数据，以确保不会再次在系统中遭遇奇怪的事情。

高希反复做了 6 个月的实验，直到 2002 年早春完成计算机模拟才停止。一个晚上，她把模拟结果绘制成曲线图，然后拿来叠映在真实实验的数据曲线图上。她好像是画了一条线。显示在电脑屏幕上的是一幅完全一样的画面：计算机模拟产生的数据曲线图与实验结果数据图重叠。所以，她在结晶体里看到的事情不是假象，而是真实的，计算机模拟足以证明一切。她在图表上标示原子群应该出现的位置，让它们遵循基本的物理定律。但是，却发现它们排列成线，完全依循自己的规律。

当天晚上，高希给罗森鲍姆写了一封加密的电子邮件："明天早上我有有趣的发现给你看。"第二天，他们检查她的图表。两人知道，图表上的数据只显示一件事情，那就是原子没理会高希的施压，而是只受到旁边原子活动的控制。不管她用多强的磁场或多高的温度去轰击原子，它们就是对来自外界的干扰视若无睹。

唯一解释就是结晶体样品里的原子有其内在组织性，其行为就像一个单一的巨大原子。他们有点惊慌地意识到，所有原子一定是纠缠在一起了。

量子物理学最奇特的观念之一是"非定域性"，诗意一点的称呼是"量子纠缠"。丹麦物理学家尼尔斯·玻尔发现，只要两个次原子粒子（如电子或光子）接触过，就会永远保持联络，而且不管相距多远，仍会实时互相影响，用不着透过力或能的交换（古典物理学认为物体要能互相影响，这一类交换是不可少的）。当两个粒子发生"纠缠"，不管它们相隔多远，其中一个的行为（如磁定向）总是会在同一方向或相反方向影响另一个。另一位量子理论的最早创造者埃尔温·施勒丁格认为，非定域性现象的发现相当于量子理论的决定性时刻，是其主要资产和前提。

互相纠缠的两个粒子可以被比作是一对双胞胎。他们虽然一出生就被分开，但仍然发展出相同的喜好，而且终生维持心灵感应。即使两人一个住在科罗拉多，一个住在伦敦，素未谋面，仍然可能同样喜爱蓝色，同样是当工程师，同样喜欢滑雪。甚至其中一个在科罗拉多滑雪场摔断右腿的瞬间，另一个也会在6 000多千米外的咖啡厅品尝拿铁时摔断右腿。爱因斯坦拒绝接受非定域性的观念，不屑地称之为"幽灵般的超距作用"或是"远距离的幽灵活动"。他透过一个著名思想实验主张，这类实时的信息传递必须快于光速才能达成，而这是违背他的特殊相对论的。根据爱因斯坦理论的构想，没有速度可以快于光速（每秒299 792.397千米），所以一物要影响另一物，光速是其发挥影响力的最大速度极限。

然而，现代的物理学家却果断地证明了光速并不是次原子世界的速度极限。例如，巴黎的阿兰·阿斯贝特和他的同事曾经做过一个实验，从一个原子中激射出两个光子，结果发现其中一个光子的测量值会实时影响到另一个光子的位置，致使两者的自旋或位置变得相同或相反——IBM物理学家查尔斯·本内特称之为"反运气"。两个光子不断持续对话，只要其中一个发生变化，另一个就会呈现完全相同或相反的变化。如今，即便是最保守的物理学家，也大多承认次原子世界具有非定域性的特点。

大部分量子实验包含着若干"贝尔不等式"的测试。这个量子物理界的著名实验最早是由爱尔兰物理学家约翰·贝尔做的，他发展出一种切实可行的方法，让人可以测试量子粒子如何运动。这个简单的实验是让两个量子粒子先接触，再分开它们，然后对它们加以测量。这就好比一对叫特德和达芙妮的夫妻，他们曾经在一起，但现在离婚了。达芙妮可以走进两个可能方向中的任意一个，特德也可以。而根据现实社会的常识，达芙妮离婚后做出的选择与特德毫不相干。

做这实验时，贝尔本预期一个粒子的测量值会大于另一个，从而证明其为"不等"。然而，在对得出的结果进行对比后却发现两个测量值完全相同，换言之，他的不等式被违反了。两个量子粒子虽然相隔甚远，却像是被一根隐形电线连接着似的，让它们彼此模仿。自此以后，物理学家明白，每当出现贝尔不等式被违反的情形，就意味着两者之间发生了纠缠。

贝尔不等式对于我们理解宇宙有深远含意。接受非定域性是自然界的一个本质特征，等于承认奠基我们世界观的两块基石是错误的。这两块基石是：一是事物需要时间和空间作为中介，才能互相影响；二是粒子（就像特德与达芙妮）以及由粒子构成的事物彼此是独立存在的。

虽然现代的物理学家承认非定域性是量子世界的特征，却又以坚持这种奇怪而反常识的性质不适用于大于光子或电子的任何东西而安慰自己。一旦物体到达原子和分子的层次（对物理学界来说这属于"宏观"或巨大的层次），宇宙就又会开始守规矩，按照牛顿的三大定律运作，变成是可预测和可测量的。

　　不过，凭着指甲大小的结晶体，罗森鲍姆和他的女研究生就粉碎了这种描述。他们证明了像原子这样的"大东西"也是非定域性地彼此联系的，甚至它在物质层面也很大，以至于你可以将它放在手里。之前从未有这个规模的量子非定域性被证明过。虽然样本只是一小片盐，但对次原子粒子而言，它却像是一栋富丽堂皇的乡间别墅，里面住着 100 万兆（1 000 000 000 000 000 000 或者说 10 的 18 次方）个原子。罗森鲍姆平常不喜欢对他不能解释的现象妄加猜测，却仍然意识到，他们发现了宇宙性质中某些极不寻常的事情。在我看来，他们事实上是发现了念力的一个机制：他们证明原子（物质的基本成分）一样可以受非定域性力量的影响，证明大如结晶体的东西没有遵守牛顿的游戏规则，而是遵守量子世界的混乱规则，不需要明显的原因就能保持着人眼看不见的联系。

　　2002 年，高希把他们的发现写成论文，由罗森鲍姆加以润饰，然后投给《自然》。这个期刊一向以保守知名，任何稿子都会被加以严格审查。高希花了 4 个月的时间，根据审阅者的意见修订过论文后，终于能将之发表在这份世界最顶尖的科学期刊上。这对一个才 26 岁的女研究生来说无异于是一大殊荣。

　　文章的评论者之一是弗拉特科·韦德拉尔，他对实验结果感到既兴奋又沮丧。这位南斯拉夫人在祖国内战和分裂期间于伦敦的帝国理工学院学习，后来他在其移居的国家（英国）名声大噪，被选为利兹大学量子信息科学系的领导。韦德拉尔高大威猛，如同狮子一般，隶属于维也纳一个小团队，该团队致力于研究最前沿的量子物理现象（包括量子纠缠）。

早在罗森鲍姆和高希有所发现的 3 年前，韦德拉尔就先从理论上推论过同一现象的存在。他首先把论文于 2001 年投给《自然》，但因为这家期刊喜好实验多于理论，所以他的论文没有被接受。后来，韦德拉尔想尽办法让文章得以刊登在顶尖物理学期刊《物理评论通讯》上。等《自然》的编辑部决定刊登高希的研究时，编辑们为了修补与韦德拉尔的嫌隙，他们便允许他成为论文的审阅者，又提供给他空间让他在同一议题上发表评论意见。

文章中，韦德拉尔做出了一些大胆猜测。他写道，量子物理学是描述原子如何转变为分子的最精确方法，而由于分子关系是所有化学的基础，化学又是生物学的基础，所以，"纠缠"这种魔法现象也大可能是解开生命之谜的钥匙。

韦德拉尔和他圈子里的其他人并不相信类似现象仅见于钛。揭示纠缠现象的主要问题是我们的科技太原始了，想要隔离和发现这一结果只能在超低温下降低原子的速度，使它举步维艰才可能做到。不过，有些物理学家却曾在处于

200K（摄氏 –73℃）的物质中观察到过纠缠现象，这一温度可以在地球最冷的一些地方找到。

　　其他研究者也以数学方法证明，几乎在所有地方（包括人体内），原子间或分子间都会持续且实时地互相来回传递信息。布鲁塞尔自由大学的托马斯·杜特以简练的数学方程式证明，不管内在环境或周遭环境如何，几乎所有量子互动都会导致纠缠。甚至是来自遥远星球的最小光粒子——光子——亦会与其去往地球途中遇到的任何原子发生纠缠。常温中的纠缠现象显然是宇宙（甚至是在我们身体里）的自然状态，我们身体内的每个电子的任何互动都会导致纠缠。特拉维夫大学理论物理学家本尼·列兹尼克认为，即使是在我们四周空无一物的空间里也依然充满着互相纠缠的粒子。

　　英国数学家保罗·迪拉克是量子场理论的创始人之一，他第一个假设根本没有所谓的虚无，即空无一物的空间。哪怕你把所有物质与能量清除出宇宙，仍然会在检视星体之间"空无一物的"空间时发现一个充满次原子活动的"阴间世界"。

　　在古典物理学的世界，一个场就是一个影响区，在其中，两个或两个以上的点会被力（重力或电磁力之类）所连接。不过，在量子粒子的世界，场却是由能量的交换所创造的。根据维尔纳·海森堡的测不准原理，我们之所以难窥量子粒子的全貌，一个理由在于它们的能量是以动态的形式重新被分配的。虽然次原子粒子常常被称为小小的台球，但其实它们更像是小小的震动的波浪包，不断向前和向后来回推送能量，俨然像篮球比赛中的来回传球。人们一般相信，所有基本粒子的能量传递都是以被认为是暂时存在或是"虚拟"的量子粒子为中介。而这些"虚拟"的量子粒子还被认为是凭空蹦出来的，它们会实时出现又随即消失，导致毫无原因可言的能量摆动。虚拟粒子（又称"负能量状态"）并不带有物理形式，所以它们事实上是无法观测的。其实，就连"真实"的粒子也不过是些小小的能量结，浮现片刻便会立即消失，回到基底的能量场。

能量不停来回传递会产生一个异常巨大的能量场域，总称为"零点能量场"。那一能量场之所以被称为"零点"，是因为即便在绝对零度的低温，一切物质理论上应停止运动时，那里仍然侦测得到细微的摆动。哪怕是在宇宙中最寒冷的地方，次原子物质仍然不会歇息，继续跳着它们小小的探戈舞。

这些粒子独自发出的能量小得难以想象——大概只有半个光子那么大。然而，如果把宇宙全部粒子交换的能量加起来，数字却大得惊人，几乎是一个不可穷竭的能量库，是所有物质包含的能量的 1040 倍，或者说数字 1 后跟着 40 个 0。理查德·范曼有一次说过，哪怕是 1^3 米空间的能量，也足以煮沸全世界的海洋。

自海森堡发现零点能量以后，大部分传统物理学家都把代表零点能量的数字从运算公式中减去。他们相信，因为零点能量场永远存在于物质之中，不会改变任何事物，略去不管亦无大碍。然而在 1973 年，美国物理学家哈尔·普索夫却另有发现。当时，因为石油危机，普索夫致力于找出一种替代能源。受苏联科学家安德烈·萨哈罗夫的启发，他试图从空间中“提炼”能源，以供地球上的交通或太空旅行之用。为此，他花了三十多年时间研究零点能量场。在一些同事的协助下，他证明了所有次原子物质与零点能量场不断交换着能量，乃是氢原子得以稳定的基础，换言之，是所有物质得以稳定的基础。移去零点能量场，所有的物质将会垮陷。他还证明零点能量场可以解释两种基本的质量性质：惯性和重力。受洛克希德·马丁和多所美国大学数百万美元的资助，普索夫也投入开发零点能量，以供太空旅行之用（这个计划在 2006 年对外公开）。

其实，量子世界的许多奇怪特性（如“测不准”和“纠缠”），都可以透过所有量子粒子与零点能量场的不停互动得到解释。例如，普索夫就指出，对于纠缠本性的科学理解就好比插在海边快要被巨浪卷倒的两根杆子。如果它们都被拍倒了，而我们并不知道有海浪来过，便会以为杆子是受另一根杆子的影响而倒下的，这也被称之为非定域性效应。量子粒子与零点能量场的不停互动，说不定就是粒子间非定域性效应的基底机制，让粒子可以在任何时间与其他粒子保持联络。

列兹尼克在以色列对零点能量场和纠缠的研究在数学上始于以下的核心问题：假设有两艘探测飞船与零点能量场发生互动，将会发生什么后果？根据他的计算，一旦发生这样的事，两艘探测飞船就会开始对话，最终产生纠缠。

如果宇宙间的所有物质都与零点能量场产生互动，那就简单地表示，所有物质都通过量子波在宇宙中彼此牵连在一起，有着潜在的纠缠关系。而如果我们与所有空无一物的空间互相纠缠，就表示我们必然也与远方看不见的人和事物有所关联。承认零点能量场与纠缠现象的存在为我们提供了一个现成机制，让我们可以解释，为什么意念力量产生的信号可以被几千米外的另一个人接收到。

高希已经证明非定域性存在于较大的物质组成部分里，另一些科学家则证明了宇宙里的所有物质在某种意义上都是一个大型中央能量场的卫星。但物质是怎样透过这种关联受影响的呢？根据古典物理学的主要假设，宇宙中的大型物体都有固定套路，都是既成产品。那么，它们是怎么被改变的呢？

当韦德拉尔获邀与著名量子物理学家安东·蔡林格一起工作时，终于有机会一窥这个问题的答案。蔡林格管理维也纳大学的实验物理学研究所，对量子世界的特质做了最前沿的研究。他对当前科学界对自然界的解释非常不满，也把这种不满和探索热忱传递给他的学生。

蔡林格的实验相当壮观：他的团队用玻璃纤维在多瑙河河床上建了一条量子通道，让一对光子在河底发生纠缠。在蔡林格的实验室中，他喜欢给光子分别取名为艾丽斯和鲍勃。如果用得着第三个光子，则可以将其命名为卡罗尔或查利。蔡林格发现，即使在河床上相隔着600米远，互相看不见对方，艾丽斯和鲍勃也仍然保持着非定域性联系。

蔡林格对重叠现象和哥本哈根诠释的意义（即次原子粒子只以潜态存在着）特别感兴趣。他感到好奇，只有构成物体的次原子粒子是存在于"镜厅"状态的吗？还是说较大的物体一样如此？为了回答这个问题，蔡林格动用了一种被称为洛氏干涉计的仪器。这种仪器由麻省理工学院的科学家研发，是19世纪英国物理学家托马斯·扬在著名的"双缝实验"中使用的器材的变体。在该实验中，扬让一道白光穿过一张厚纸板上的一个孔或一道缝隙，再穿过第二块纸板的两个孔眼，最后抵达第三片空白纸板。

在物理学术语里，两道协调的波（协调是指波峰和波谷的起伏时间一样）碰撞在一起的情况专业上称为"干涉"。发生干涉现象的话，两道波的强度大于每个独立个体的振幅，信号也变得更强。这相当于是一种产生影响或是交换信息的结果，称为"建设性干涉"。但如果是一个到达波峰，另一个到达波谷，则会倾向于互相抵消，这种情形称为"破坏性干涉"。在建设性干涉的情况下，所有波都会同步摆动，发出的光更强。反之，破坏性干涉会让光互相抵消，剩下一片漆黑。

在扬的实验中，光线通过第二片纸板的两个孔眼后，会在第三片纸板上形成斑马线状黑白相间的条纹。如果光只是由一连串粒子构成，那它通过第二片纸板之后，理应是在第三片纸板上显示出两个最亮的光点。不过，光最强的部分却是在两个孔眼的中间，显然，这是由那些波彼此互相干涉所产生的振幅的重叠所导致的。扬由此首先意识到，光线是以重叠波的形式从两个孔眼穿过、漫开。

同一个实验的现代版本则是把一个个光子激射过两条缝隙。它们一样会在第三片纸板上形成黑白相间的条纹。这证明，即使是光的基本单位，一样是以散开的波状前进，而且影响范围较大。

20世纪的科学家还用其他的量子粒子来继续做扬的实验，证明了量子体是以波状前进，会同时穿过两条缝隙。向三重屏幕激射一串光子，结果会像光束一样，在第三面屏幕上形成明暗交替的干涉模式。由于需要至少两道波才能形成这样的干涉模式，因此它意味着，一个光子可以神奇的同时穿过两条缝隙，然后在重新结合时形成干涉现象。

双狭缝实验概括出了量子物理学的一个核心奥秘：次原

子粒子不是一个观众座位，而是一整座体育场。它也证明了：存在于封闭的量子态的电子是无法被一窥全豹的。想要确认一个量子体，你就非让粒子在行进中停下来不可，但一旦停下来，它又会垮陷成为单一的点。

蔡林格重做双狭缝实验时没有使用次原子粒子，而是使用分子。他的干涉计的第一个屏幕有一排狭缝，第二个屏幕的狭缝与第一片完全平行，其作用是通过分子衍射（或偏斜）。第三个屏幕与分子束成直角，功用就像一道具有扫掠功能的"面具"，能够计算通过的所有分子波的大小，通过极敏感的激光探测器，可以锁定分子的位置和它们的干涉模式。

做第一回合的实验时，蔡林格与他的人员精挑细选出一批富勒烯分子作为实验材料。富勒烯俗称"布基球"，由60个碳原子构成，每个有一纳米大小，在分子世界里算是庞然大物。他们会选择富勒烯，不只是因为它体积巨大，还因为它形状整齐，就像一个形状对称的小足球。

这是个需要十分小心的实验。蔡林格的团队必须将温度拿捏得恰恰好，只要稍有差池，就可能导致分子解体。他们把富勒烯加热到900K，制造出一道强烈的分子束，再激射过两个屏幕，使其在最后一片屏幕上形成图案。结果十分明确，每个分子都有能力形成干涉模式。由此可见，有些最大的物质单位并未"局域化"为固定状态。就像一个次原子粒子一样，这些"大个"的分子还没有凝结成具体的东西。

这个维也纳团队后来以其双倍的大小和形状奇怪的分子试做同一实验，以测试形状不对称的分子是否也会展现出同样神奇的特性。被选中的实验对象是巨大的氟化碳分子（由70个碳原子组成的足球形状的分子）和琰的分子"薄饼状分子，是叶绿素中生物燃料的衍生物"。他们每个都拥有100多个原子，是这地球上体积最大的分子之一。实验结果再一次证明，它们也可以产生干涉模式。

蔡林格团队反复证明，同一个分子是可以同一时间存在于两个地方的，在这样大的规模下可以维持一种重叠状态。他们证明了一件不可思议的事情：物质和生物最主要的组成部分处于可塑状态。

高希并没有多想她的发现所代表的意义，只是满足于实验的结果，满足于写出一篇精彩的论文，满足于自己对量子力学最有发展潜力的一个领域做出的贡献。偶尔，她也会推想自己思想的结晶或许证明了关于宇宙本质的重要事情。不过，她毕竟还只是个研究生，怎么敢相信自己有能力洞悉宇宙的运作呢？

但在我看来，高希和蔡林格的发现代表了现代物理学的两大决定性时刻。高希的实验显示，物质基本成分之间存在着看不见的联系，这种联系常常强得足以无视加减温度或是施加磁场等古典的施压方法。蔡林格的工作则证明了更惊人的事：大型物质既不固定和稳定，也不必根据牛顿定律行事。分子需要一些其他影响力才会在整个生存状态中安顿下来。

他们提供了第一批证据，证明量子物理学的一些奇怪现象不只存在于次原子粒子的量子层次，也存在于可见的物质世界。分子一样是存在于纯粹的潜在状态，不是已经定型的现实。在某些环境下，它们会摆脱牛顿力学定律，展现出量子的非定域性效应。连分子这么大的东西都会出现纠缠现象，这足以透露出，物理法则不是有两套（分别适用于大世界和小世界），而是只有一套适用于所有生物的。

这两个实验也抓住了念力科学的关键：思想是怎样影响完成的、固定的物质。两次实验意味着观察者效应不只存在于量子粒子的世界，也存在于日常生活的世界。事物不是独立存在的，而是像量子粒子一样，只存在于关系中。共同创造、彼此影响，说不定是生命的本质。我们对世上每件事物的观察，说不定都有助于决定它们的最后形态，而这意味着我们是有可能影响我们周遭所能看到的每一件大事物的。每当我们进入拥挤的房间，与搭档和儿女交谈或凝视天空时，不知不觉中也许就产生了影响力。不过，迄今我们还无法在常温中证明这一点，我们的工具仍太粗糙。但我们已经有了初步证明，说明在物质世界中，物质是有可塑性的，可以被外来力量所影响。

第二章　人类天线

　　1951 年，才 7 岁的加里·施瓦茨有了一个不寻常的发现。他一直想让家里的电视机画面变得清晰。这台新买的黑白电视机让施瓦茨着迷，但让他着迷的与其说是画面中的人物，不如说是这些人物究竟是怎样来到他家客厅的问题。电视机在当时是种相当新奇的发明，其机制即便对于大部分成人来说也是个谜。这个早熟的孩子很想把电视拆开，一看究竟，就像对待其他家用电器一样。这种拆解热情早早见于祖父给他的废旧收音机上。他的祖父伊格纳齐·施瓦茨在长岛大内卡开了一家杂货铺，为客人更换电视机和收音机的电子管，碰到有不堪修理的收音机，他就会拿给孙子拆解。在施瓦茨卧室的角落，放着一个他向祖父借来的化妆品展示架，上面堆满了大量实验碎片：电子管、电阻器和收音机的残骸。这是他毕生热爱电子学的最早征兆。

　　施瓦茨知道，调整电视机顶部的兔耳朵天线的角度，能影响画面的清晰度。他父亲解释过，电视机是由某种看不见的东西驱动，类似无线电波，透过空气传来，由于某种未知原因转变成为图像。施瓦茨甚至做过一些粗浅的实验，发现自己只要站在天线与电视之间，画面就会消失，而以某种方式触摸天线，画面则更清晰。

有一天，施瓦茨突发奇想，把天线拆下来，手指放在用来固定天线的螺丝钉上。本来还出现一片混乱的画面和静态噪音的屏幕刹那间清晰无比。即使施瓦茨年纪还小，也已经知道自己见证了人体的某些特殊之处：他的身体可以充当电视天线，接收看不见的信息。他对收音机也做了一样的实验，即用手指替代天线，得到同样的结果。显然，人体的某些构造与兔耳朵天线有相似之处，都可以让电视机产生影像。而他也是看不见信息的接收器，有能力收到跨越时空传来的信号。

不过，直到 15 岁，他才想象出这些信号是由什么构成的。他那时学会了弹电吉他，常常纳闷是什么无形的原因让他的乐器发出不同的声音。即使弹的是同一个音符，例如，中央 C 音，但只要调整吉他的旋钮，就可以让音变得更高或更低。同一个音符听起来怎么会如此不同呢？为了这项科学研究计划，他对其音乐进行了多轨录音，然后查到纽约的北部（离他家所在地西巴比伦约几百千米远）有一家公司，有仪器可以分析声音的频率。他到那里，把录音带放入仪器中。很快，仪器就分析出了那些音符的本质。每一个音符通过他面前的屏幕的阴极射线管显示出了一堆密密麻麻的线条：那是几百个频率的复杂混合体，代表着一堆泛音的混合，它们会随着他转动的吉他旋钮而使高音或低音出现细微变化。他晓得，这些频率就是波，它们在屏幕上的形状有如偏斜的 S 或是正弦曲线，就像一根摇动的两端固定的跳绳，会周期性起伏、摆动，犹如长岛海峡的波浪。每一次说话，他知道自己的声音也会产生相似的频率。这让他回想起儿时的电视机实验。他好奇，在他身体里面搏动的能量场是否与声波有着某些相似之处。

施瓦茨儿时的实验也许是粗浅的，却无意中触及到念力的一个核心机制，即我们的思想就像电视台的信号一样，是靠着某种东西传送出去的。

成年后的施瓦茨仍然充满着极大的研究热忱，而他为这种热忱找到的出口是心理生理学——在当时，这门研究心灵对身体产生的效应的学科仍处于起步阶段。后来，他在因鼓励自由研究而出名的亚利桑那大学觅得教职，开始对生物反馈疗法以及心灵可控制血压和许多疾病的现象着迷，同时也着迷于不同类型的思想发挥出的强有力的物理效果。

1994 年的一个周末，在一场关于爱与能量关系的会议中，施瓦茨去听生物反馈研究先驱埃尔默·格林的演讲。就像施瓦茨一样，格林对心灵可以传送能量的现象兴趣浓厚。为了进行更密切的研究，他决定对远距治疗师进行研究，测试他们在进行治疗的过程中，是不是会比平常放出更多的电能。

格林在演讲中指出，为了进行实验，他造了一个天花板和墙壁都由铜做成的房间，又把它连接到一部微伏特脑电波放大器上——这一仪器是用来测量脑部的电活动的。一般来说，脑电波放大器连接着镶嵌了电极片的帽子，帽子上的每一个电极片可以记录脑部不同位置的放电情况。一个人将这个帽子戴在头上，通过频道接收到的电活动就展示在放大器上。这种仪器极端敏感，可侦测到非常微小的效应甚至是小至百万分之一伏特的电力。

在远距治疗中，格林怀疑信息是以电能的形式从治疗师的手部发出的。这正是他不使用脑电波帽而将脑电波放大器直接与铜墙连接的原因。铜墙可以发挥巨型天线的作用，增强从治疗师身体检测到电能的能力，并且可以使格林能从五个方向接收到电能。

实验结果发现，不管什么时候，只要治疗师发送念力，脑电波放大器就能记录下大量的静电荷，类似于我们拖着脚走过一张新地毯，然后碰触到一个金属门把时所发生电子的增长和释放的情形。

在铜墙实验初期，格林碰到一个棘手的问题，那就是无论何时，即使治疗师只是弯曲一根手指，脑电波放大器一样会有反应。所以，他必须想出一个办法，将真正的治疗效应和静电杂音区分开。而他认为唯一的办法就是要求治疗师在发出治疗能量时，全身需要保持完全静止不动。

施瓦茨越听越入迷。他认为，格林弃如敝屣的东西也许就是最有趣的东西。对某人而言的"杂音"说不定就是他人的"信号"。人类的身体活动（哪怕只是呼吸这样的生理机能）会不会都能够产生足以让铜墙接收到的电磁信号？人类会不会并不只是信号的接收者，而且还是信号的传送者？

人类能发送能量是完全讲得通的。大量证据也已证明，所有活的人体组织都带有电荷。把这些电荷放在一个三维空间会引起一个以光运行进的电磁场。这种能量的传输机制是一清二楚的，模糊的是，单靠简单的肢体动作能发出多强的电磁场，以及发出的能量是否可被其他生物接收到。

施瓦茨巴不得马上把这个猜想付诸测试。会议后，他请教格林教授怎样造一个铜墙实验室，然后匆匆到家得宝建材中心去寻找，那里并没有铜板，只有铝板。不过铝片一样可以充当简陋的天线。他买了一些60厘米×120厘米的铝板，把它们放在玻璃砖上，以避免接触地面，再将它们组合为"墙壁"。他把墙壁连接到一部脑电波放大器后，便开始在盒子上来回挥动手臂，查看他手部产生的效应。就像他所预期的那样，放大器感应到他的手部活动。换言之，他的手部活动可以产生信号。

接下来，施瓦茨开始在自己的办公室向学生证明这种效应。为了加强效果，他使用一尊爱因斯坦的半身像作为道具。这一次他动用了一顶有很多电极片的脑电波帽：没有接收脑部信号的时候，帽子只会记录放大器上的静电杂音。

　　实验时，施瓦茨把帽子戴在爱因斯坦半身像的头上，只打开帽子顶端的一个电极频道。然后他把手伸到爱因斯坦头顶，左右移动。仿佛这位伟人突然受到灵犀顿悟一样，放大器突然动了起来，显示出它接收到的电磁波。施瓦茨告诉学生，让脑电波放大器起反应的不是无生命的半身像的"脑波"，而是他手臂活动所产生的电磁场。看来无可置疑的是，他的手每动一下，身体就会发出信号。

　　施瓦茨不断变换实验方式。他试过站到 90 厘米之外挥动手臂，结果发现信号减弱了。当他把半身像放在可以过滤电磁场的紧紧编织的铜网围场"法拉第笼"时，所有效应都消失了。显然，随他手部摆动而出现的奇怪能量有着电力的各种特征：会随距离增加而减弱，以及被电磁屏蔽阻隔。

　　有一次，施瓦茨坐在半身像上方，叫一个学生站在半身像旁边，把左手举在半身像上方，右手臂伸向他。然后，他上下摆动手臂。让在场其他学生讶异的是，脑电波放大器竟清楚感应到施瓦茨手臂的活动。信号穿过施瓦茨身体，又穿过学生的身体，被半身像接收到。发出信号的人虽然还是他，但这一次却是由学生充当天线，接收信号后再发送给脑电波放大器，起到了另一个天线的作用。

　　施瓦茨意识到这是他一生所有研究中的最大发现。简单的肢体动作就能产生电荷，但更重要的是，它还可以创造一种关系。我们的每一个动作看起来都可以让周遭的人感应到。

这一点的意义相当惊人。例如，如果他责骂学生，到底会发生什么事？当他摇着一根手指，喝令学生"别再这样"时，会有什么物理效应发生在学生身上？那个学生也许会感到自己被一道能量波射到。另外，有些人说不定有比平常人更强的正电荷或负电荷。例如，在格林为著名治疗师罗斯林·布吕耶尔进行测试时，实验室里的所有仪器都忽然停摆。

施瓦茨发现了某些有关人类发出的真实能量的基本的事情。那么，思想的能量是不是就像肢体动作的能量？意念是否也可以在我们与周围的人之间创造一种关系？说不定，我们对别人发出的每个意念都有物理成分，被接受者却可能只认为那是一种物理效应。

不过，我就像施瓦茨一样，不太相信思想产生的能量与肢体动作产生的能量一样。毕竟肢体动作所产生的信号就像一般电力一样，会随距离的增加而减弱。然而，在灵能治疗里，距离看来是不相干的。假使意念真有能量，应该也是一种比寻常电磁力更基本的能量。那我要怎样去测试意念的能量效应呢？心灵治疗师看来是个理想的切入点，因为他们在为病人治疗时放出的能量看来要比平常多。

格林已经用实验证明，进行心灵治疗时，治疗师会涌现大量静电能量。一个人静静站着时，脑电波放大器测得他的呼吸和心跳能产生 10~15 毫伏特的静电能量，而在需要全神贯注的时候（例如，禅修），静电能会急升至 3 伏特。然而，在格林的实验里，治疗师在进行治疗时产生的静电能量却是190伏特，其中一个治疗师身上更是出现过15次这样的状况，换言之，那是人们正常状态的10万倍，当时四面铜墙都出现1~5伏特的较小脉冲。经过对能量来源的研究，格林又发现，电脉冲是来自治疗师的小腹——中国武术称之为"丹田"，认为那是身体内在能量的主引擎所在。

斯坦福大学物理学家威廉·蒂勒设计了一部巧妙的仪器，可以测量心灵治疗师产生的能量。它会放出一道稳定的气流，记录下治疗师在放电时所放出的准确的电子数。任何电压的增加都会被脉冲计数器感应到。

实验中，蒂勒要求受测者双手举在离仪器约15厘米高的地方，然后集中意念，去增加仪器的读数。在1 000多次的实验中，蒂勒发现在大多数情形下，脉冲数会在意念的影响下增加到1万，而且还能维持5分钟之久。即便受测者没有接近仪器，只要能保持住意念，一样会产生同样的效果。蒂勒推断，哪怕是距离遥远，引导性思维也可以产生明显的物理能量。

我还发现另有两个实验测量了使用念力者发出的实际电频率。其中一个是测量心灵治疗师发出的能量，另一个是测量中国气功师父在发出外来的"气"时所产生的能量（"气"一词在中国指能量或生命力）。两个实验结果一模一样：受测者运功时发出的频率介乎2~30赫兹之间。

这一能量似乎也可以改变物质的分子性质。我发现了大量调查意念产生的化学变化的科学证据。蒙特利尔麦基尔大学生物学系副教授伯纳德·格拉德曾调查过心灵治疗能量在通常用来灌溉的水中所产生的效应。他请来一批心灵治疗师对水样施放疗力，然后用红外线光谱分析水的化学成分。他发现，经过心灵治疗师施放效力的水分子结构里的氢和氧的结合发生了根本改变，分子间的氢键在某种程度上减少了，就像是水接触磁铁所发生的情况。很多科学家印证了格拉德的发现，例如，一个俄罗斯研究团队证明，晶体微观结构里的水分子在接受过"疗力"后，氢氧的结合形态会发生扭曲。

这种转变光靠念力就可发生。有个实验，让一些经验丰富的冥想者捧着水冥想，同时用意念去影响水样本的分子结构。事后用红外线分光光度法分析水，发现水的许多基本特质，特别是"吸光率"——一些光在特定波长处被水所吸收的量——都大大改变了。如此看来，当某人保持集中的意念时，他是可以用意念改变物质的分子结构的。

在施瓦茨的研究中，他怀疑意念不只会表现为静电能。他猜想磁能说不定也扮演着重要角色。磁场本质上是一种更强大的"推—拉"能量。磁力显然是最强有力也最普遍的能量：地球本身就深深受到自己微弱的地磁能量震动的影响。施瓦茨记起蒂勒做过的一个实验：有一次，蒂勒让一批具有特异功能的人分处于可以屏蔽不同种类能量的设备里接受测试。结果是，具有特异功能的人待在法拉第笼里表现得比平常好（法拉第笼只会过滤掉电能），而待在有磁力屏蔽房间里的则表现得比平常差。

从这些早期实验，施瓦茨归纳出两个重要意义：心灵治疗或许可涌现出最初的一大批电能，但传送疗力的真正机制也许是磁力。事实上，蒂勒的实验甚至反映出，超自然现象和心灵制动仅仅因屏蔽性质的不同就会受到不同的影响。电信号会产生干涉效果，而磁信号则会加快进程。

为测试这个最新想法，施瓦茨找来女同事梅琳达·康纳合作。康纳是博士后研究员，四十多岁，对心灵治疗现象一向感兴趣。他们第一个难关就是找出精确方法去接收磁信号。要测量细微、低频的磁场极为困难，需要用到称为超导量子干涉仪的这种昂贵的高敏感度仪器。一台超导量子干涉仪的价格最高可达 400 万美元，通常放在一个可以屏蔽磁力的房间，以消除周遭的辐射杂音。

因为经费有限，施瓦茨和康纳只能购买一部穷人版的超导量子干涉仪：小型手提式、电池发动、三轴的数码高斯计。这种仪器原是为侦测电磁污染而设计，因为它可以感应到超低频的磁场。高斯计足够敏感，能够接收低至 1‰个高斯（一个微弱的磁场震动）。施瓦茨相信，这种敏感度已经相当符合他的需要。

康纳想到，若要测量低频磁场的变化，就应该计算它在一段时间内的变动次数。若单是记录周遭的稳定磁场，那读数偏离的程度将会很低——少于 1/10 个高斯。然而，在遇到一个摆动很大的磁场、频率会周期性改变的情况下，读数会不断改变，例如，从 0.6 到 0.7，再到 0.8，然后再回到 0.6。变化越大、频率越快，磁场越有可能受到一种定向的引导性能量的影响。

康纳和施瓦茨找来一批"灵气"（Reiki，日本人在一个世纪前发明的治疗技术）师父，当他们"运功"期间和闭目休息的时候，在他们每只手的附近测量磁场。然后，两人又找来一批心灵治疗师，如法炮制。最后，他们把数据拿来与没受过治疗训练的人的数据加以比较。

施瓦茨和康纳分析数据发现，两组治疗师都有明显的低频磁场（发自两只手）波动。无论何时，只要治疗师开始运作能量，磁场的摆动幅度就会巨幅增加。不过，大部分的能量增加来自他们主要使用的那只手。没受过治疗训练的对应组成员则没有这现象。

在比较灵气组与心灵组的效应时，施瓦茨又发现另一个重大差异。心灵治疗师每分钟磁场的变化，平均比灵气师父高出近 1/3。

实验结果看来是很清楚的。施瓦茨和康纳证明了引导性思维既表现为一种静电能，又表现为一种磁能。但他们又发现，念力就像弹钢琴：你需要先学习如何使用。而学习过的人又有些弹得好些，有些则差了一点。

在琢磨实验结果的含义时，施瓦茨想到一句医生急诊时爱说的口头禅："听到奔蹄声，先别猜想是斑马。"换言之，当你为人诊断病症时，只有先排除所有最可能的病因后，再来考虑可能性最小的病因。施瓦茨也喜欢用这种态度从事科学研究。所以他对自己的发现提出质疑：在心灵治疗时治疗师的磁场摆动幅度增加，会不会只是受到周边生物物理变化的影响？例如，肌肉收缩就会产生磁场，血压的改变、血管收缩加快或减慢、身体血液的流动、甚至电解质的流动也是如此。皮肤、汗腺、温度的变化和神经的诱导，一样可以产生磁场。施瓦茨猜测，治疗的效力可能是由众多生物过程中产生的磁力的总和所传送的。

但心灵治疗是一种磁效应的可能性解释不了远距治疗。在一些情况下，有些治疗师可以把疗力传送到几千千米之外，在这一过程中疗力并不会随着距离而减弱。在一个针对艾滋病病人的成功研究中，分散在全美各地的 40 个治疗师曾成功地把疗力发送到旧金山的病人身上，使病人病情出现了明显的改善。然而就像电场一样，磁场也会随着距离的增加而减弱。所以，磁效应和电效应也许与念力的效果有关，却不是主要机制。也许，这个机制更接近于一种量子场，最有可能是光。

施瓦茨开始猜想，产生意念的机制也许是人体释放出的微量光。20 世纪 70 年代中叶，德国物理学家波普偶然发现，从最简单的单细胞植物到复杂有机体（如人类）等一切生物体，都会持续放射出微弱的光子流（光子是光的微小粒子）。他称这一现象为"生物光子放射"，又相信他发现了活生物体的主要交流渠道——生物体用光来跟自己身体的各部分和外界联系。

三十多年来，波普坚持认为人体内策划和协调所有细胞活动的真正推动力量不是生物化学作用，而是上述的微弱光放射。光波是一个最佳的通信系统，可以实时把信号传达到生物体的所有部分。用光波而不是化学物质来解释人体的通讯机制，也可解开基因学上的一个核心问题，即我们是怎样生长发育、怎样从一个单细胞长成最后的样子的。此外，它也解释了身体各部分是如何设法在同一时间协调运作的。波普推断，这种光就像是主音叉，能设定某些频率，让身体的其他分子都追随着它。

更早前，包括德国生物物理学家赫伯特·弗勒利希在内的一些科学家就主张过，是一种机体振动让蛋白质与细胞协调运作。不过，在波普提出他的发现之前，这些理论都没有被当一回事，主要是因为没有足够敏感的仪器可以证明这个理论正确。

在一个学生的协助下，波普制造出第一部相关仪器——光电倍增管。它可以侦测到生物放射的光，计算里面有多少个光子。波普花了几年时间，透过一些无懈可击的实验，证明了生物体的光子主要贮藏在细胞内的 DNA 中，并由那里放射而出。生物体的光强度是稳定的，生物体表面每平方厘米在每秒内会放射出几个到几百个光子。然而，当生物体生病或受到干扰，放射的光子数就会急升或骤降。这种信号所包含的信息非常宝贵，因为它显示出一个人的健康状态和某种特殊疗法的效应。例如，癌症病人的光子要少于正常人许多，他们的光仿佛行将熄灭似的。

波普的理论一开始招来诋毁，但最后却受到德国乃至国际社会的肯定。他最终创立了生物物理学国际研究院，其成员由世界 15 个科学社群组成，其中包括很多享有声望的机构，如瑞士的欧洲粒子物理实验室、美国的东北大学、中国科学院的生物物理研究所和俄罗斯的莫斯科国立大学。在 21 世纪初期，生物物理学国际研究院至少囊括了全世界 40 位知名科学家。

有没有可能，能进行治疗的念力信息就是由生物光子送出的呢？施瓦茨知道，如果他想要完成生物光子放射的研究，首先必须想出看到这些微小的光放射的方法。波普当时在实验室中装设了一台计算机仪器，连接到一个箱子上，箱子里可以放入一种生物，如一株植物。波普使用的光子扩大器可以计算生物体的光子数，并将光放射的数量制成图表，但这种机器只有在绝对漆黑的环境下方能记录光子。在那之前，科学家无法看到生物体在黑暗中真正发光的样子。

经过反复思索，施瓦茨想到，最有可能让他拍摄到非常微弱的生物光的设备，是望远镜中最先进、过度冷却的电荷耦合器件摄影机。那是一种高敏感度的设备，如今用来拍摄太空深处星系的照片，无论光多微弱，它也能捕捉到 7 成左右。电荷耦合器件装置也可作为夜视设备，如果电荷耦合器件摄影机可以捕捉到来自最遥远星体的光，说不定也可以捕捉到生物体发出的微光。然而，这种摄影机价值几十万美元，而且通常必须在绝对零度以上 100 度的超低温中冷却，这是为了消除室温中的任何环境辐射，也有助于提升摄影机对微光的敏感度。但是施瓦茨到底要到哪里才能弄得到这样的高科技设备呢？

施瓦茨的同事凯西·克里思想到了办法。克里思是光学科学系的教授，对生物光与它在医疗中可能扮演的角色同样深感好奇。正巧的是，她知道图森国家科学基金会放射科有一部电荷耦合器件摄影机，专门用来测量注射了磷光染料的实验用老鼠的光放射。这台低噪音、高效能的摄影机被放在暗房的黑箱子里，有个冷却系统把温度控制在摄氏零下 100 度（–100℃）。它拍得的影像可以显示在计算机屏幕上。那正是施瓦茨和克里思梦寐以求的。经过克里思接洽，放射科主任慷慨答应让他们中的两个人在工余时间使用它。

在最初的实验中，施瓦茨和克里思把一片天竺葵叶子放在一个黑色平台上。曝光 5 小时后，他们给叶子进行荧光摄影。最终出现的计算机影像让人眼花缭乱：一幅发光叶子的完美照片，像是一个影子反过来，但清晰无比，每一根最细小的叶脉都纤毫毕现。叶子四周有一些白色光点，宛若仙子金粉——这是高能量宇宙射线的证据。第二次曝光时，施瓦茨用一种软件过滤器滤去叶子周遭的辐射，得到一幅完美的影像。

在对计算机屏幕中最新得到的照片进行研究时，施瓦茨和克里思知道他们创造了历史。这是有史以来科学家第一次亲眼看见生物体真正发光的样子。

有了可以捕捉和记录光的仪器后，施瓦茨终于能测试治疗的念力是否也会产生光。克里思找来一批治疗师，请他们把手放在摄影机下面的平台上 10 分钟。施瓦茨得到的第一批影像，显示出一些粗糙的大的发光画面，但是它们模模糊糊，施瓦茨无法对其进行分析。于是他改请治疗师把手放在白色平台上（白色可以反光），而不是黑色平台上（因为黑色会吸光）。这次，拍摄出来的照片清晰得让人屏息静气：一连串的光点从治疗师的手流出，甚至几乎就像是从他们的手指头流出似的。施瓦茨现在对意识思维的本质的认识已经有答案了：治疗的念力可以产生光波，而且这种光波无疑是自然界中最有条理的光波之一。

相对论并不是爱因斯坦唯一的伟大洞见。1924 年，他在跟默默无闻的印度物理学家玻色通信后，得到了另一个惊人认识。那时玻色正在对当时还很新鲜的观点——光是由称之为光子的小型震动包组成——进行思考，他发现在某些时候，不同的光子在行为上就像单一的粒子。当时没有人相信他的这一发现——爱因斯坦除外，他曾读过玻色寄给他的表达式。

爱因斯坦欣赏玻色拿出的证据，并运用自身的影响力让玻色的理论得以发表。另外，受玻色的启发，爱因斯坦自己也开始研究气体中的原子（它们一般以杂乱无序的方式振动）会不会在某些环境或温度下开始同步行动，就像玻色的光子一样。经过一番计算，爱因斯坦得出了哪些条件可以产生这种现象的公式。但当检查数字时，他以为自己在计算中犯了错误。因为根据他计算的结果显示，在某些异常低的温度下（例如，绝对零度以上的几开），一些十分怪异的事情将会发生：平常以多种不同速度运动的原子会慢下来，达到一模一样的能量水平。这时，原子会失去个体性，在外表上和行为上就像是一个巨大的原子。爱因斯坦的数学军火库中没有一样武器可以将它们分开。他意识到，如果这是真的，他就是偶然遇上了一种完全有别于宇宙中任何已知特性的崭新的物质形态。

爱因斯坦发表了他的发现，又借用自己的名字来命名这种现象，称之为"玻色—爱因斯坦凝聚"。但爱因斯坦从不确信自己是正确的，而其他物理学家也是如此，他们直到七十多年后的 1995 年才最终相信。1995 年 6 月 5 日，实验天文物理学联合学院的埃里克·康奈尔和卡尔·维曼设法把一小批铷原子冷却到绝对零度之上 1 700 亿分之一度（此项研究计划由美国国家标准与技术研究院、科罗拉多大学博尔德分校赞助）。这是一个壮举，需要先用一个激光网捕捉原子，再施以磁力。然后，到了某一时间，一批包含大约 2 000 个原子的原子群（其厚度为 20 微米，相当于一张普通纸张的 1/5）的行为开始变得跟周遭的原子云不一样，变得就像一个展开的单一实体。虽然它们还是气体的一部分，但行为却更像是固体的原子。

4 个月后，麻省理工学院的沃尔夫冈·克特勒成功复制了同一个实验，但使用的材料是钠。因为这项成就，他与康奈尔和维曼同获 2001 年的诺贝尔奖。几年后，克特勒与其他科学家又成功证明分子也可产生同一效应。

科学家相信，爱因斯坦和玻色的理论可以解释一些才刚开始的次原子世界被观察到的特性：超流性和超导性。超流性是某种液体可以不断流动而不会丧失能量的状态，有时甚至能自行从密封的容器中渗漏出；超导性则是见于电路中电子的相似特性。在超流性或超导性状态下，液体或电力在理论上可以用不变的速度永远流动下去。

克特勒发现了原子或分子在这种状态下的另一个惊人特质：所有原子或分子完全和谐地摆荡，就像激光中的光子

（这些光子表现得像一个巨大的光子，彼此以完全和谐的节奏振动）。这种组织社会让能量变得异常高效率。普通的光只照得到 3 米远，但激光束却可以照到 3 亿倍远。

暴露在只比宇宙最低温度高几度的温度中，科学家相信，玻色—爱因斯坦凝聚是原子和分子大大减低速度、近乎静止不动时产生的特性。不过，之后波普与他的科学团队却惊奇地发现，生物体发出的微光一样有类似的特性。尤有甚者，波普在植物、动物和人体身上测量到的生物光子都是高度和谐的。它们就像是单一的超功率频率——这现象又被称为"超辐射"。德国生物物理学家弗勒利希早前就提出过一个模型，指出这种秩序性可以出现在生物系统中，而且扮演着核心角色。他的模型显示，在像人类这样复杂的动态系统里，内在的能量可以创造千丝万缕的关系，让各部分不会各唱各调。在自然界已知的最高量子秩序下，流动的能量可以组织成一种巨大的和谐状态。当我们说次原子粒子是"和谐"或"有秩序"时，指的是它们受到一系列共同电磁场的高度连接，犹如是对在同一频率共鸣的音叉。这时，它们不会再各行其是，反而开始变得像是一支训练有素的军乐队。

就像一个科学家所说的，想了解"和谐性"，可以比较一个 60 瓦灯泡的光子和太阳的光子。一般情况下，灯光的效率都奇差无比。灯泡灯光每平方厘米的强度大概只有一瓦，这是因为光子放出的波很多，会产生破坏性的干涉效果，互相抵消。太阳每平方厘米产生的光是灯泡的 6 000 倍左右。不过，如果你能够让一个小灯泡的所有光子都能够协调，彼此和谐共鸣，则一个灯泡的灯光强度将是太阳表面的光的几千甚至几百万倍强。

自波普证明生物体可放射出和谐的光之后，其他科学家开始假设心灵过程一样可以产生玻色—爱因斯坦凝聚。英国物理学家罗杰·彭罗斯和美国亚利桑那大学的麻醉学家斯图尔特·哈默洛夫是前沿的科学家中的先驱，他们共同主张，细胞里的微管（构建细胞的基本结构）其实都是一些"光管"，可以把无秩序的波信号转化为高度条理化的光子，再传送到身体其他部分。

施瓦茨已经目睹过从治疗师手上流出的光子流有多么和谐一致。然后，在研究过波普和哈默洛夫等科学家的研究后，他终于知道了治疗的念力何以产生效力：如果说意念是一种频率，那治疗的念力就是一种高度有秩序的光。

施瓦茨的独创性实验向我披露出思维的一些基本的量子性质。他和同事揭示出人类既是量子信息的接收者，也是发送者。引导性思维显然可以产生电能和磁能，同时还会放射出一些只有敏感仪器才能测到的条理化光子流。也许，我们的意念同样是高度和谐的频率，可以改变分子的结构与物质的连接，就像次原子世界的其他和谐形式一样。明确的引导性思维也许就像激光，可以照明却永远不会减损能量。

我想起施瓦茨在温哥华的一个奇妙经历。那时，他落脚在市区一家饭店的顶楼套房。有一天晚上，他一如往常在凌晨 2 点起床。他走到阳台上，想看看被群山环绕的城市西部的壮观景象。让他惊讶的是，在他身下的半岛沿岸的许多人家还亮着灯。他忽然希望手上有一个望远镜，让他可以看看人们这么晚还在做些什么。不过，如果有谁用望远镜向他这个方向张望，就会看到他是一丝不挂地站在阳台上的。想到这个，他突然有种奇怪的感觉，觉得自己赤身露体的样子已经映入家家户户的窗户。这是个奇思怪想，但又或许不是那么荒诞不经。毕竟，他就像所有生物体一样，是不断放射出生物光子流的，而它们全都是以光速前进，1 秒钟行进 299 338 千米，2 秒后到达 598 676 千米外。

他身上的光和天上星星发射的可视的光的光子不无相似之处。许多来自遥远星体的光都是旅行了几百万年才来到地球。一颗星星的光就是这颗星星独特的历史。那怕一颗星星在它的光到达地球以前就死去很久了，它的信息也仍继续留存，在天空中留下不可磨灭的足迹。

然后，施瓦茨突然想到自己就像一个能量球、一颗发了五十多年光的小星星。无论是他孩提时期在长岛居住时发出的所有信息，还是他曾有过的每一个微不足道的意念，仍旧存在于那里，就像星光一样闪耀。我想，念力或许正如同是星星，一旦发出，就会像星光一样，影响到它沿途的每件事物。

第三章　双向道路

克利夫·贝克斯特是最早主张人类意念可以影响植物的人之一。这个观念听起来是那么荒诞不经，让他被人取笑了40年。不过，贝克斯特可是通过一系列实验得到这个结论的。这些实验显示，生物体读得懂人类的意念，并会有所反应。

不过，对我而言，他发现植物具有心灵感应能力这一点，反不如他的另一附带发现重要，那就是：生物体不断进行双向的信息交流。每一种有机体，从细菌到人类，似乎一直处于不停歇的互相沟通状态。这种不停歇的对话，提供了意念影响物质的现成机制。

这个发现来自1966年一个小插曲。高瘦结实、留着平头的贝克斯特有着小孩般的广泛热忱，任何看似不寻常的现象都会引起他的兴趣。他常常在职员下班回家后仍留在办公室工作，因为他觉得，当夜深人静、四层楼下面的时代广场不再熙来攘往时，他才能够专心。

贝克斯特是美国最顶尖的测谎专家。第二次世界大战期间，他对说谎心理学、反间谍侦讯使用的催眠术和"吐真药"产生了强烈的兴趣，进而把这两种兴趣提升为一门测谎艺术。战后几年，他为中情局的反间谍部门做了一系列研究，然后创办了"贝克斯特测谎学校"。虽然已建校五十多年，但这所学校至今仍是教导测谎技巧的一流学校。

2月的一天早上7点，通宵工作的贝克斯特给自己倒了一杯咖啡，然后打算给办公室里的龙血树与印度橡胶树浇浇水。装水时，他忽然想到，说不定有办法测量出水要花多少时间才能从植物根部到达叶子。他特别想测那棵龙血树，因为这种藤类植物的树干特别长。他想到的方法是把龙血树连接到一部测谎机：一等水分沾到电极片，电路就会产生电阻，并记录在测谎机上。

测谎机对皮肤的电传导极端敏感。皮肤的电传导是因为汗腺活动增加所致，而汗腺活动增加又是由交感神经系统决定。测谎机的皮肤直流电流反应可以测到皮肤电阻的程度，道理和电阻表能录下一个电路的电阻反应一样。测谎机还可以侦测到血压、呼吸、脉搏强度与频率的改变。如果一个受测者皮层电性活动的读数较低，表示他心情较为平静，相反的话，则意味着他的交感神经系统过载（交感神经系统对压力和某些情绪状态极其敏感）——人撒谎的时候就会有这种生理反应。测谎机甚至可以在受测者意识到自己紧张以前，就从他交感神经系统的状态找到他紧张的证据。

在1966年，最先进的测谎机包含一对电极片，那是夹在受测者手指上用的，可以让微量的电流通过。电阻最微量的减少或增加都会被电极片测到，再由针笔记录在图纸上，形成锯齿状线条。当一个人撒谎或情绪波动时（如激动或恐惧），图纸上的线条会急剧起伏，甚至会碰到图纸的最上方。

贝克斯特把两片电极片夹在龙血树一片长而弯曲的叶子上，用橡皮圈圈紧。浇水之后，他本预期图纸上的线条会慢慢上升，反映树叶的电阻因为湿气增加而慢慢降低。然而，实际发生的事情却是相反。图纸上的线条起初往下走，继而微微跳动，就跟一个害怕被测谎的人呈现出的状况一样。

贝克斯特认为自己目睹了一种人类模式的反应，后来他才知道植物细胞间的蜡膜绝缘引起的放电现象，与人类出现在测谎机上的压力反应相似。他决定要用一个更大的刺激来测试龙血树是不是真有情绪反应。

当一个人接受测谎时，想知道他是不是撒谎，最好的方法是问他一个直接、尖锐的问题，只要是非真正答案的回答，都会引起他交感神经系统立即又强烈的反应，例如，问他："是不是你把那两颗子弹射进乔·史密斯的身体!？"

贝克斯特知道，为了引起龙血树同样程度的惊恐，必须让它感到备受威胁。于是，他把龙血树的一片叶子浸到咖啡里，却没有看到任何强烈反应：图表上的线条呈现持续向下走的趋势。如果受测者是个人，这意味的是他感到无聊乏味或是疲累。显然他必须来个更大的威胁才行，例如，点根火柴去烧那片夹着电极的叶子。

然而，就在贝克斯特升起这念头的同一刹那，测谎图纸的线条开始激烈起伏，几乎像是脱缰的野马。这时他还没有真去烧叶子呢，只是想要这样做罢了。但不知怎么地，龙血树感应到了这个意念，变得极端惊恐。贝克斯特连忙跑到隔壁房间，从秘书的办公桌上拿了一盒火柴。回家时，龙血树仍然处于惊恐状态。他点了一根火柴，在一片叶子下面晃了晃。针笔连续上下乱跳。等贝克斯特把火柴盒放回原处后，图表上的线条才缓和下来，最后变成了一条直线。

他不知道要怎么看待这件事情。他一向对催眠术、念力现象和意识的性质感兴趣。在与陆军反间谍部门和中情局共事期间，他甚至做过好些有关催眠术的实验，目的是要对抗苏联间谍的催眠技术。

他现在看到的事情却更加不可思议。看来，即使他不是个特别喜爱植物的人，龙血树也读得到他的心思。要做到这一点，龙血树必须要有某种精密的超感觉感官，必须与环境同频，才能接收到采自空气和水以外的信息。

贝克斯特改装他的测谎机，扩大了电信号，让它们对盆栽植物的电流变化变得极其敏感。他与搭档鲍勃·亨森着手复制最初的实验。接下来两年半，贝克斯特和亨森频繁测试办公室里其他植物对环境的反应。他们发现了一些规则：这些盆栽植物似乎与主要照顾它们的人心有灵犀，而且维持某种"地盘性"，不会对实验室以外其他办公室里发生的事情起反应——它们甚至对贝克斯特的杜宾狗（它白天都待在办公室里）也有反应。

更神奇的是，这些盆栽植物似乎会与周遭环境的其他生物体不断交换信息。有一天，贝克斯特烧水要煮咖啡，烧好后觉得水壶里水太多，倒掉一点在水槽里。就在这个时候，测谎机的针笔录发生了强烈的反应。

贝克斯特反复思考，认为理由可能与水槽有关。那是个不太干净的水槽，他的员工已经几个月没清洗水槽了。他从排水孔取来一些样本，放在显微镜下检视，看到一大群平常生活在排水管里的细菌。这么说，这些盆栽植物会发生强烈反应，是因为接收到了细菌被沸水烫死前发出的求救信号吗？

贝克斯特知道，如果把这个发现在科学界公布，一定会被取笑。他找到一批化学家、生物学家、精神病学家、心理学家和物理学家，帮他设计一个滴水不漏的实验。在以前的实验中，贝克斯特都是借助人类意念与情绪引发盆栽植物的反应。但他的一些科学顾问劝他改变方式，因为那并不符合科学对严谨程序的要求。试问，人类意念要怎样测量呢？正统科学团体很容易在这个漏洞上找碴。所以，贝克斯特必须创造出一个除受测植物外没有其他生物的环境，为了避免它们分心。

唯一可以达到这个目标的方法是让实验完全自动化。但他仍然需要一个强有力的刺激源。他要想出一个让盆栽植物惊恐莫名的方法。显然，只有一个方法可以达到这种效果：制造集体屠杀。但他怎样才能做到集体屠杀而不引起反动物实验人士的抗议或让自己被捕呢？他显然不可以杀人或杀任何大型动物。事实上，他甚至不愿杀害老鼠或是天竺鼠之类的一般实验用动物。唯一剩下的选项就只有丰年虾。就如他所知，丰年虾的唯一用处是当热带鱼的饲料。只有最狂热的反动物实验人士才会反对杀死这种生物。

贝克斯特与亨森设计了一个小装置，可以在 6 个时间点随机挑选一个时间，把一个小个装着丰年虾的小杯子倒转，让丰年虾倒入一锅持续烧开的沸水中。这个随机事件发生器放在办公室最远的一间房间，另有三盆盆栽植物分别放在实验室另一头的三个房间里，各连接着测谎机。还有另一部测谎机是作为对照用。

当时微电脑已经面世，而贝克斯特也早在 20 世纪 60 年代末期就在办公室里装了一部。他用它来设定实验机器的开启时间。贝克斯特和亨森在实验开始前就先离开实验室，以免自己的意念影响实验结果。他们也必须要防止植物把心思放在他们身上，而不是放在小型屠杀上。

贝克斯特和亨森做了很多次实验。结果很明确：每次丰年虾碰触到沸水之际，测谎机就会录得盆栽植物出现了强烈反应。日后，在成为电影《星际大战》的大影迷之后，贝克斯特把这些植物的反应解释为接收到"原力"的表现，而他发现了测量它的方法。如果说植物可以接收到三扇门以外其他生物的死亡信息，就表示所有生命形式都是高度同频的。生物体一定是每时每刻（特别是受到威胁和死亡时）都在不停地交换信息。

贝克斯特在好几本心灵研究期刊上发表了他的实验结果，又在超心理学会第十届年会上做了发言。超心理学家肯定了他的贡献，又成功在独立的实验室复制了他的实验，其中最著名的一次是由苏联植物生理学专家亚历山大·杜布罗韦主持。贝克斯特的见解还受到畅销书《植物的秘密生活》的颂扬。然而，主流科学界对他的主张嗤之以鼻，讥之为"贝克斯特效应"，而这主要是因为他不是正统科学家。1975年，《君子》杂志把他的发现选入"百大可疑成就奖"，称他是"宣称酸奶会自言自语的科学家"。

尽管如此，在接下来的30年，贝克斯特没有理会批评，继续坚持他的研究，最后累积出好几个档案柜的实验数据，证明生物有他所谓的"超感官知觉能力"。他用各种不同植物做过实验，发现它们都对人类的或高或低情绪（特别是威胁性意念和其他负面意念）有反应。草履虫、霉菌培养液、鸡蛋、酸奶也是如此。他甚至证明了血液和精子样本（取自他自己和同事）等体液一样会对主人的情绪状态产生反应。有一次，他一个年轻助手在打开《花花公子》的中间插页，看到全裸的宝黛丽时，他的血细胞样本马上发现强烈的反应。

而且这种反应不受距离影响：不管贝克斯特人在实验室里还是几千米外，连接在测谎机的活物都会对他的意念起相似反应。就像宠物一样，活物也会与"主人"心意相通。它们不但接收得到贝克斯特的思想，还会与周遭环境的所有生物体沟通。酸奶里的活菌对其他种类细菌的死亡有反应，而酸奶本身甚至显示出希望有更多益菌能"喂"给它：一个鸡蛋被放入沸水时，其他鸡蛋也会出现惊恐甚至绝望的反应。植物似乎对其他生物体离开它们的环境有实时反应。有时，当在外头的照顾者决定回办公室时，它们也会显示反应。

贝克斯特遇到的最大困难在于如何科学地证明这种效应存在。因为即使他现在把实验弄得完全自动化，但他离开办公室之后，不管走多远，那些盆栽植物仍继续锁定他的心思。例如，即便实验时贝克斯特和搭档是在一条街外的酒吧，盆栽植物不会向丰年虾做出反应，而是反应两人谈话的高低起伏。要把植物隔离于别的影响力之外变得困难重重，以致贝克斯特后来必须找别人在别的实验室代他进行实验。

贝克斯特无法克服的另一大难题是让实验结果保持一致。任何测试都需要自发和真诚，结果才能保持一致。这一点，是他在 1971 年 10 月当著名的遥视者英格·斯旺造访他实验室时发现的。根据贝克斯特的指示，斯旺假装自己打算要拿火柴去烧龙血树。一如所料，测谎机的针笔激烈摆动。

他又试了一次，龙血树的反应仍然激烈，但接下来龙血树却不再有反应。

"为什么会这样？"斯旺问道。

贝克斯特耸耸肩，回答说："你来告诉我。"

浮现在斯旺脑子里的事太超乎寻常，他不知道应不应该大声说出来。"你是说，它已经学乖，知道我不是认真的，所以不再惊慌？"

"是你说的，我可没说啊。"贝克斯特回答，"换另一种伤害它的意念吧。"

斯旺换成假装想要在花盆里灌酸液，图纸上的线条开始发现强烈锯齿状起伏。最后，龙血树看来又明白了斯旺不是认真的，图纸上的线条又恢复成一直线。斯旺是个爱植物的人，本来就愿意相信植物有感情，但他对于龙血树竟然能够分辨人类意念的真假性仍然惊讶不已：植物是会学习的。

虽然贝克斯特的非传统实验方法仍然有若干可疑之处，但他得到的大量证据仍然强烈显示，所有生物体，不管有多原始，即便不具有感情，仍然可以感应到人类的意念。不过，在我看来，他的最大贡献还是在于发现生物体会与环境不断沟通。不知怎么回事，信息流是不停发送、接收与应答的。

贝克斯特要能得到这种沟通的机制何在，还需要等一些年——等到物理学家波普发现生物光子之后。生物光子是生物体放射出的小的光粒子。起初，波普相信生物体放射生物光子的唯一目的,是用它作为身体一部分与另一部分沟通的手段,因为光子的信号是实时到达和非局域性的。然而,他慢慢发现,这东西还有更玄之处:光子似乎是生物体之间的沟通系统。在以水蚤进行实验时,波普发现母水蚤会互相吸收对方的光,然后再用干涉模式的波把光回传给对方,仿佛它们已经用接收来的光"更新"过自己的信息。波普认为,这也许就是水蚤能够群居在一起的原因:无声的沟通让它们就像被一张看不见的网相连在一块。

波普决定再用腰鞭毛虫来进行测试。腰鞭毛虫是一种会在海水里制造磷光的藻类。这种单细胞生物在演化的位阶上介乎动物与植物之间,虽然被归类为植物,但其行为更像动物。波普发现,每只腰鞭毛虫与其相邻的腰鞭毛虫的放光频率一致,仿佛约定好时间一起举起一个小小灯笼。波普的中国同事曾经把两个藻类样本分别放在遮窗的两边,让它们可以互相"看到"对方。他们发现,两群藻类的光放射最后变得同步化。研究者的结论是,两群藻类毫无疑问有着高度有效的沟通方式,可以互相交换信息。

这些生物似乎也能接收到其他物种所发出的光。不过,最大的同步化仍然见于同一物种之间。一旦一个生物体的光被另一个生物体吸收,第一个生物体的光就会开始同步传输信息。此外,生物本看来也会与周遭环境交换信息。细菌会从它们的培养液中吸收光;波普发现,细菌愈多,光的吸收便愈多。就连蛋白和蛋黄看来都会与蛋壳互通信息。

即使生物体被切为几片，沟通也会持续进行。施瓦茨曾经把一些青豆切成片，隔着一厘米的距离分开放，再用借来的电荷耦合器件摄影机拍了一系列照片。他利用软件增加青豆之间的光后发现，这些断片发出的光就跟青豆还是完整的时候一样多。就算青豆被切开，它的各部分仍然继续沟通。这也许就是截肢者会有幻肢感觉的原因：身体的光始终与截去的肢体留下的能量"足迹"沟通。

就像贝克斯特一样，波普发现，生物体透过光放射，变得对周遭环境非常敏感。波普的同事沃夫冈·克利梅克教授曾测试过藻类生物体能否警觉到其环境曾经受到干扰。他准备了两桶海水，然后摇晃其中一桶。十分钟后，被摇晃过的那桶海水恢复平静。他再分别把腰鞭毛虫放入两个桶中。结果，身处被晃动过的海水中的腰鞭毛虫光子放射量突然大增——这是焦虑的反应。看来，海藻对环境的改变十分敏感，即使干扰已经过去，一样会引起它们的惊恐。

波普的另一个同事、荷兰心理学家爱德华·范·维克很好奇，这种影响力可以延伸多远？生命体可以接收到整个环境发出的信号吗？还是它只会接收到另一个生物体对其发送的信息？当治疗师送出念力的时候，他的影响范围有多大呢？只是影响到他的治疗目标吗？还是说这种念力具有散弹枪效应，效力可旁及周遭的生物体？

为了回答这个问题，范·维克把一瓶藻类放在治疗师和病人附近，测量藻类在治疗过程中和休息期间的光子放射量。分析数据后，他发现藻类的光子数量在这两段不同时间有很大差异。在治疗师治疗病人期间，藻类的光子放射量显著增加了，仿佛受到了光的轰炸似的。而且光放射的频率也增加了，变得与一个更强烈的光源同频。

波普曾经在初期的研究中发现，生物体对光会有一种奇特反应。每当他用强光照射一种生物体，再延迟一段时间之后，生物体都会发出比本来更强的光，好像要胜过外界所照射的光似的。波普称这种现象为"延迟发光"，并猜测这是生物体保持自身均衡的一种方法。在范·维克的实验中，藻类的光放射显得与平常大异其趣。他已经找到一些初步证据，显示治疗的光也许可以影响到它沿途的任何东西。

然后，施瓦茨的女同事康纳证明，意念对这种光有直接影响力。她从天竺葵上剪下一些叶子，根据大小、健康情况两片两片分组，请20个能量治疗师给每组中的一片叶子放送念力，先是试着增加它们的光放射量，然后再减少。在38次减少光放射量的实验中，有29次实验的光放射量显著减低；而在38次增加光量放射的实验中，有22次获得显著成果。

有时，身体的剧烈震动可以带给人重大的认识。以物理学家康斯坦丁·科罗特科夫为例，他的洞见就是得自他从屋顶摔下来之后。1976 年的一个冬日，24 岁的科罗特科夫与朋友一起庆祝生日。他们在屋顶上喝伏特加，兴起之际，科罗特科夫玩心大动，从屋顶往下跳。他原以为地上一层厚厚的积雪会发挥软垫作用，没想到雪下藏着一块硬石头。科罗特科夫左腿骨折，在医院里躺了几个月。

卧床期间，这位圣彼得堡国立科技大学的量子物理学教授开始思考他听过的一场有关"基尔里安效应"的演讲，琢磨自己是不是可以把谢苗·达维多维奇·基尔里安做过的事做得更好：把人的生命能量捕捉在底片上。

基尔里安是个电机师，他 1939 年发明了一种照相方法，透过把生物体暴露在脉冲电磁场中，捕捉到它们身体四周的"光晕"。把任何导电的东西（如活的生理组织）放在用绝缘材料（如玻璃）制成的平板上，再对其施以高电压、高频率的电力，可以在底片上照出生物体放电时于身体四周形成的光晕。基尔里安主张，光晕的状态可以反映一个人的健康状况：光晕减少，意味着一个人生了病或精神失调。

有二十多年的时间，苏联主流科学界完全不把基尔里安的主张当回事。到 20 世纪 60 年代，经过报界大量报道，这种"生物电子摄影术"才引起广泛注意，而基尔里安也被誉为伟大的发明家。基尔里安的照相法开始被广泛应用，特别是在太空研究方面，并得到许多西方科学家的肯定。他发表于 1964 年的第一个研究报告进一步吸引了科学界的注意。

住院期间，科罗特科夫意识到，如果他想要深入研究基尔里安认为对健康极为重要的神秘光，就需要放弃日间的工作。他也知道，因为有量子物理学家的身份，他的介入将可让这方面的研究更有正当性，而他的科技知识也有助于改善相关技术。说不定他还可以发明一种能实时看到那种光的仪器。

复原后，他花了几个月的时间，制造出一种结合尖端光学、数字电视矩阵和强大计算机的机器，他称之为"气体放电可视器"。一般情况下，生物体只会流出最微弱脉冲的光子，要靠最敏感的仪器在一片漆黑的环境下才能感应得到。科罗特科夫知道，若想要拍到这些光子，较好的方法是刺激它们，使其发出比平常强数百万倍的光。

科罗特科夫的仪器融合了好几种科技：摄影术、光强度测量和计算机化模式辨识。他的照相机可以照出环绕 10 根手指的能量场（1 次 1 根）。然后，透过计算机程序，从照片中推算出环绕生物体的"生物场"的实时影像，并依此评估出该生物体的健康状况。

科罗特科夫写了 5 本论人类生物能量场的书。他成功说服苏联卫生部，让他们相信他的发明对医疗技术、诊断和治疗大有用处。起初，他的仪器只被用于某些临床环境，例如监测手术后病人的复原进度。不过，不久就被广泛运用，作为诊断很多种疾病（包括癌症与焦虑症）的工具。它甚至被用于评估运动员的潜力、他们参加奥运会的得胜概率，以及有没有因为训练过度而疲劳，等等。最后，全世界大约有3 000个医生和研究者使用这种技术。美国国家卫生院也对"生物场"产生兴趣，拨款资助这方面的研究。

科罗特科夫公开宣传气体放电可视器有实际用途之余，也私下进行了一个他深感兴趣的研究：生物场与意识的关系。他曾经用气体放电可视器来研究心灵治疗师和气功师父，发现他们在发功时，身体的生物场会发生强烈波动。然后，科罗特科夫又测试人的意念会不会对周遭的人产生影响。他找来一些夫妻，让一方身处密闭环境，由另一方向其发送意念。结果显示，发送意念者的每一种强烈情绪（爱、恨、愤怒等），都会导致接收意念者的强烈光释放。

在贝克斯特使用简陋测谎仪器发现意念可以影响植物的四十多年后，科罗特科夫第一个用尖端仪器证明了这个发现是正确的。他把盆栽植物连接到自己的气体放电可视器，然后请参与实验者发送各种情绪（愤怒、哀伤、欢乐等），再对盆栽植物发送正面和负面意念。每当参与实验者用心念去恐吓盆栽植物，它的能量场就会减弱；只要有人带着爱心看待它或为它浇水，它就会有相反的反应。

贝克斯特的贡献之所以从未获得肯定，主要是因为他没有科学训练的背景。不过，他仍然是第一个发现生物体可以与环境双向沟通，甚至于辨知人类思想的细微差异的人。他的发现有赖波普和科罗特科夫更先进的科学知识去证明。两人揭示出生物体与环境沟通的真实机制。他们对光放射的研究突然让贝克斯特的发现有了意义。因为如果说意念是一种光子流，那植物接收到信号并受其影响便一点都不奇怪了。

贝克斯特、波普和科罗特科夫的研究全对意念的性质有深刻的阐明。看来，每个最微不足道的意念都足以增强或减少其他事物的光。

第四章　心心相印

　　没有一个参与"爱的实验"的科学家记得这个实验名称的由来。那说不定是来自伊丽莎白·塔尔格的一句玩笑话，因为参加实验的夫妻分处两个房间，被一条走廊、三扇门、八堵墙和几厘米厚的不锈钢板所分隔。

　　其实，这个实验的名称原是为了向其研究经费的慷慨捐赠者：凯斯西储大学的无私爱研究中心——致敬。不巧的是，爱的实验也成了塔尔格的一项遗泽，因为经费尚未到位，她就被诊断患上了致命的脑瘤。爱的实验对塔尔格是一个恰如其分的礼赞，因为她是第一个证明意念可以产生物理影响力的科学家。"爱"这个名称恰当地描述了整个实验过程。当你发送意念时，身体的每一个重要的生理过程都会反映在接收者的身体上。意念的效力是爱的完全展现，它会让两个身体合而为一。

　　塔尔格原是传统的精神病理学家，不过，她在1999年为加州太平洋医学中心所做的两个实验（测试远距治疗是否可以帮助晚期艾滋病人）却让她声名鹊起。塔尔格花了几个月的时间设计实验，并和搭档弗雷德·西瑟尔尽力找到了一群病情相近的晚期艾滋病人参加实验（他们有相同数量的淋巴细胞和相同数量由艾滋病引起的疾病等）。因为想测试的是远距治疗的效果而不是特定治疗方法的效果，所以塔尔格和西瑟尔也决定招募不同背景的治疗师。

结果，他们从全美国找来一大批背景大异其趣的治疗师（从正统基督徒到印第安萨满巫师不等），向一群艾滋病人发送治疗的念力。所有治疗都是远距离进行，好让一些其他因素（如治疗师的外貌或触摸对病人产生的心理影响）不会左右实验结果。实验采取严格的"双盲"程序：每个治疗师都会收到一个密封的资料袋，里头有病人的姓名、照片和淋巴细胞数目。每隔一星期治疗师就会被分配到一个新病人，接着按照研究者的指示，一连6天（每天1小时）给该病人发送治疗的念力，然后休息一星期。以这种方式，被治疗组的病人可以轮流接受每一个治疗师的治疗。

在第一轮实验结束时，控制组有40%的病人死亡，但治疗组的10个病人不只全活着，而且各方面都比从前更健康了。

塔尔格和西瑟尔在进行第二轮实验时把受试人数加倍，但程序比上一次更严格。他们也扩大了测量项目的范围。实验结果仍然是受远距治疗的病人在各方面都要健康许多：艾滋病引发的疾病明显较少；淋巴细胞数目增加；住院的人数少；去看医生的人数少；较少有新疾病；即使生病，亦不严重；心理状态较佳。这些差异具有决定性作用，例如，在治疗组，由艾滋病引发的疾病要比控制组少6倍，需要住院的人数也比控制组少4倍。

在这两回实验中，负责治疗的全是些经验丰富、天赋异禀的治疗师。实验完成后，塔尔格想知道，普通人如果接受使用念力的训练，是不是也可以产生相似的效果。

在进行爱的实验时，塔尔格找到一个志同道合的伙伴：思维科学研究所的副所长玛丽莲·施利茨。施利茨是位精力充沛的金发女士，做过一些设计缜密的超心理学实验，成果丰硕，不只引起《纽约时报》的注意，也引起研究人类意识的资深权威的注意。她曾经与心理学家威廉·布劳德长斯合作，进行过有关"指导式精神交感活体系统"（人类意念影响周遭世界的能力）的严谨实验。在从事超心理学研究的生涯中，施利茨一直着迷于远距离心灵影响力的现象。她是最先研究念力治疗效用的人之一，进而为思维科学研究所的治疗研究收集了一个巨大的数据库。

为了进行爱的实验，施利茨找来迪安·雷丁襄助。后者是思维科学研究所的资深研究员，也是美国最知名的超心理学家之一。雷丁既负责设计实验，也负责设计一些实验所需的器材。由于兼具工程学与心理学背景，他的参与可以保证实验程序与技术细节都天衣无缝。塔尔格又找来杰尔姆·斯通负责训练病人。斯通是一位禅修的护士，曾在艾滋病实验中帮助过塔尔格，负责设计训练病人的课程。

2002 年塔尔格过世后，施利茨等矢志继承其遗志，并请来塔尔格在加州太平洋医学中心的同事埃伦接替其遗缺，与斯通一道担任主要研究员。

爱的实验的基本设计与"遥瞪"实验相似，后者测试的是人对被别人瞪会不会有直觉感应。那一直是意识研究者爱做的实验。在这些实验中，受测者两两一组，分处不同的房间，其中一方（称为"接收者"）有摄像机对着，并连接上皮肤电导装置（这种仪器与测谎机相似，测得到受测者不自觉的自主神经系统活动）。至于身处另一房间的"发送者"，则随机间歇瞪视屏幕中的接收者。稍后，研究人员只要对比数据，即可得知发送者在瞪视接收者时，后者的自主神经系统有没有发生反应，从而知道他是否直觉感应到被别人瞪。

施利茨与布劳德做了 10 年这一类"遥瞪"实验，累积了大量证明人能感应到"遥瞪"的证据。他们把结果写成报告，刊登在一本重要的心理学期刊上。文中指出，这种影响虽小，但很显著。

爱的实验也受到 1963 年以后进行的指导式精神交感活体系统实验的启发。实验证明，在许多种情况下，两个受测者的脑波会同步化，即两人脑波的频率、振幅和位相会愈来愈相似。虽然这些实验的设计各有少许不同，但问的都是同一个问题：一个人的中枢神经系统是否能感应到另一个人发送出的刺激？用雷丁的话来问则是：一方如果挨了拳，另一方会不会喊痛？

在这些实验中，受测者两两一组，各有一对生理侦测仪器（如脑电波放大器）围绕。其中一方会受到图片、光或轻微电击之类的刺激，然后研究人员再去检视接收者的脑波与发送者受到刺激时产生的脑波是否相同。

最早期的指导式精神交感活体系统实验是由心理学家暨意识研究者查尔斯·塔特所设计。他用了一连串残忍的研究，来测试一个人能不能感应到别人的疼痛。他使用的方法是电击自己，而受测者则置身另一个房间，身边环绕一堆仪器，以侦测每当塔特自我电击时，受测者的交感神经系统是不是会有反应。结果发现，塔特只要电击自己，受测者就会出现血压降低、心跳加快等不自觉的移情反应，好像他也受到了电击一样。另一个早期实验是以同卵双胞胎作为测试对象。结果显示，当其中一方闭上眼睛，脑电频率降低到 α 波的时候，张大眼睛的另一方的脑波也会出现同样程度的放慢。

德国弗赖堡大学的科学家哈拉尔德·瓦拉赫曾经使用一个方法扩大发送者所受到的刺激，以使接收者的反应也得以最大化。这个方法是让发送者看一个黑白格子的棋盘。这种黑白相间的图形被称为"图形翻转"，已知必然可以让观看者产生高振幅的脑波。结果，就在发送者看到棋盘的一刹那，脑电波放大器记录下身处另一个房间里的接收者也出现同一种脑波模式。

墨西哥城墨西哥国立自治大学的神经生理学家雅各布·格林贝格—齐尔伯鲍姆是用闪光而非图形来作为刺激源。实验证明，两个受测者虽然坐在相距 14.5 米远的不同房间里，但其中一方受闪光刺激后产生的脑波模式一样会出现在另一方身上。不过，齐尔伯鲍姆又发现，实验成功与否，有一个重要的先决条件，那就是，同步化只会出现在那些事前见过面并在一起静静坐过 20 分钟的受测者，换言之，是出现在已经建立某种心理联系的受测者身上。

在齐尔伯鲍姆更早期的研究中，他还发现脑波的同步化不只会出现在两个人之间，还出现在他们的两个大脑半球之间。不同的是，脑波较有条理的受测者有时可以为另一方的脑波定调。最有秩序的脑波模式常常是占上风的。

在最近期（2005 年）的一个指导式精神交感活体系统实验里，巴斯蒂尔大学和华盛顿大学的研究者找来 30 对感情紧密又有长期禅修经验的夫妻，让他们分处相距 10 米的两个房间，并将脑电波放大器连接到各个受测者的枕叶（视叶）上。每个发送者看到闪光时，就要想办法用意念把闪光传送给伴侣。在 60 个接收者中，有 5 人（8%）在伴侣给他们发送视觉意象时，枕叶的活动变得非常活跃。

接着，华盛顿大学的研究者把 5 对实验结果最显著的夫妻挑出来，重做先前的实验，但这一次他们把受测者连接到可侦测到脑部关键功能细微反应的"功能性磁振造影仪"上。

结果发现，发送者只要发送意念，接收者脑部视皮质一个部位的血氧量就会有所增加。当发送者没有受到视觉刺激时，这种增加就不会发生。巴斯蒂尔大学团队复制了这个实验，但挑选的都是有丰富禅修经验的志愿者，其中一些配对志愿者的相互关系还是迄今各个实验中最强的。

巴斯蒂尔大学团队的实验结果可说是心灵影响力研究的一个重大突破，他们证明了发送者受刺激后产生的脑波模式会反映在接收者的脑部，而且是在脑部同一部位受到刺激。接收者脑部反应就像是他也在发送者看到闪光的同一时间也看到同一闪光一样。

最后一个重要实验所研究的是情绪会不会产生远距影响。爱丁堡大学的研究人员比较夫妻、被配对的陌生人以及一些没被配对的个人（但他们不知道自己没被配对）的脑电波放大器产生的结果后发现，每一个有配对的受测者都显示出彼此的脑波愈来愈同步化，不管它们认不认识另一方，皆是如此。唯一没有出现这种效应的是没有配对的受测者。

雷丁做过类似的实验，但配对的受测者都是有亲密关系的人：夫妻、朋友、亲子。脑电波放大器显示，有很大比例的发送者和接收者的脑波出现了同步化现象。

在设计爱的实验时，施利茨和雷丁也受到一些研究的影响。这些实验显示，治疗师在发送念力治疗病人的那一刻，病人的脑波会与治疗师的脑波同步化。脑造影图也显示，某些类型的医治（如生物能量法）会引起脑波的同步化。在许多个案中，当一个受测者向另一个受测者发送念力时，他们的脑部会开始互相拽引。

"拽引"是荷兰数学家克里斯蒂安·惠更斯创造的物理学名词，表示两个摆荡系统形成同步化的现象。1665 年，他发现当两个时钟靠得很近时，钟摆的摆动就会一致。他试过让两个时钟的钟摆朝相反的方向摆动，但它们最后还是趋于一致。

当两道波的波峰和波谷起伏时间相同，会被称为"同相"，反之则称"反相"。物理学家相信，拽引现象是两个反相系统交换微弱能量的结果，这种交换会让一方慢下来而让另一方加速，最后达到同相。它也与共鸣有关，也就是说，系统在特定频率下吸收到的能量比平常更多。任何振动的东西（包括电磁波）都有各自最偏好的频率，成为"共振频率"。振动物"听到"或接收到不同的振动频率时，会忽视其他频率，只对自己的共振频率起反应。这有点像妈妈总是能在一大群学童里立刻认出自己孩子的声音一样。行星也有轨道共振，而我们内耳膜的不同部分亦会与不同的声音频率产生共振。甚至海洋也会出现共振现象，如位于缅因湾东北段的芬迪湾（新斯科舍附近）便是如此。

一旦以相同的节奏共振，互相拽引的事物就会发出比原来更强烈的信号。这种情形最常见于乐器：当各种乐器"同相"演奏时，声音最为洪亮。在芬迪湾，潮汐时从湾口卷向内陆地再折回的每一道波浪都是同步起伏的，从而形成世界上最高的海浪之一。

拽引现象一样会出现在一个人发出强烈意念想要伤害另一个人的时候。东京日本医学院的山本干雄曾经做过一个有关气功的实验。众所周知，两个气功师父比试时，即使彼此没有身体接触，但只要其中一方发功，一样可以将另一方震得后退几码。山本干雄认为值得问的一个问题是：这种效果是心理性还是物理性的？后退的一方到底是因为心理上被吓着才后退，还是他真的被对方的气逼得不得不后退？

在第一回合的实验里，他请一位气功师父身处在有电磁屏蔽的房间里，让他的弟子坐在另一个房间。然后，他随机指示气功师父发功，一次 80 秒。每次，他都会把气功师父和其弟子两人的反应记录下来。在 49 次的测试里，超过 1/3 次（这在统计学里算是一个显著数字）气功师父发功时，身处在另一个房间的弟子会感到身体振动。在第二回合的 57 次测试中，山本干雄让气功师父和弟子双方都连接上脑电波放大器，结果发现，每当气功师父发功，他弟子右额叶的 α 脑波就会增加。这意味着，身体最先接收到念力"信息"的脑区是右额叶。

在最后一个回合的测试，山本干雄对比了气功师父和其弟子双方的脑波。他发现，每当气功师发功，两人的 β 脑波就会显示出更高的一致性。另一个由这些东京的研究人员所做的更早实验则显示，接收者和发送者会在发功的一秒钟内变得同步了。

指导式精神交感舌体系统除了证明念力可以引起拽引，也显示出另一个与念力相关的现象：接收者在信息发出之前就能感受到它的来临。1977 年，雷丁在他位于内华达大学的实验室发现，人类可以接收到物理性的预兆。他使用的器材是一部可以随机挑选照片的计算机。他让受测者坐在计算机前面，身上连接着侦测皮肤电导、心跳和血压的仪器，然后看着计算机随机选出的彩色照片。这些照片有些让人宁静（风景照片），有些让人感到恶心（验尸照片），有些则会引起兴奋（色情照片）。

雷丁发现，受测者在照片出现之前就会有生理反应。就好像为了自我防卫一样，他们的反应在看到色情照片或恶心照片的前一刻最为强烈。这是第一个来自实验室的证据，我们的神经系统不但对即将来临的冲击有反应，还能够分辨这冲击的情绪内涵。

加州"心灵圆满研究所"的罗琳·麦克拉蒂博士也对人体有预感能力的现象着迷，但他好奇是人体哪个部位最先感应到这种直觉信息。他按照雷丁的做法，同样使用计算机随机播放照片，不同之处是他让受测者更多的身体部位与侦测仪器相连。

麦克拉蒂发现，不管是对好消息还是坏消息的预感，都会被心脏和脑部接收到，两者的电磁波在看到恶心照片时加强，看到宁静照片时则降低。另外，脑皮层的四个脑叶似乎也全都参与了这个直觉过程。最让人惊讶的是，心脏竟比脑部更快接收到预感。这意味着，人体有某些感知装置，让它能持续扫描和直观未来，其中又以心脏为最大的天线。心脏会先接收到信息，再把它传到脑部。

麦克拉蒂的实验还显示出两性之间的有趣差异。男女两性的心脏和脑部都会发生拽引，但女性要发生得更快和更频繁。麦克拉蒂认为，这印证了一个四海皆见得假设：女性的直觉能力天生比男性强，而且更常用"心"去决定事情。

麦克拉蒂的结论（心脏是人体里最大的"脑子"）后来得到蒙特利尔大学的约翰·安德鲁·阿穆尔博士的进一步印证。阿穆尔发现，心脏里的神经递质可以影响脑部的高等思维区。麦克拉蒂发现，一个人即使只是摸着另一个人的胸口，或只是观想着对方的心脏，一样会引起脑波的拽引。如具两个人互摸对方的胸口，以爱观想着对方的心脏，两人的心跳韵律便会更加"协调"，脑部也会开始发生拽引。

以这种新证据为后盾，雷丁和施利茨决定要探索远距心灵影响力是否可以延伸到人体的其他部分。一个显然值得测试的部位当然是胃肠。一般人把直觉称为"胃肠直觉"，某些研究者甚至把胃肠称为"第二个脑"。雷丁因此想知道，胃肠直觉是不是伴随着实际的物理效应。

雷丁和施利茨找来 26 个志愿者，两两配对，把胃电仪接在他们身上：透过侦测那些与胃频率和胃收缩紧密相连的皮肤，胃电仪可以测量出胃电的变化。虽然弗赖堡团队先前已经证明过受测者彼此是否认识并不重要，但雷丁和施利茨仍然相信，某种程度地认识说不定可以扩大远距心灵影响力的效应。为了确保有些身体接触是必要的，雷丁要求配对的受测者事先交换纪念物。

然后，受测的两人各处一室，其中一个坐在黑暗的房间里，接上胃电仪，从屏幕看着另一个受测者的实时影像。画面会定期闪过，伴随着用来引起某种情绪（正面、负面或中性的情绪）的音乐。

实验结果显示出另一个拽引的例子：这一次互相拽引的是两个受测者的胃。胃电仪的读数再一次证明，发送者的情绪状态能被接收者接收到。每当发送者产生正面或负面等强烈情绪时，接收者的胃电就会显著增加。由此可以证明，直觉的大本营果然是"胃肠"。

这个最新证据进一步证明，我们的情绪反应能被周遭的人接收到，并引起回响。在上述每一个实验中，每一对受测者的身体都发生了拽引（雷丁则称之为"纠缠"）。接收者好像可以实时"看到"或感受到发送者实际看到或感受到的东西。

如实验所示，在某些条件下，即使身处一段距离的两个人，他们的心跳率、自主神经系统活动、脑波和指尖血流量一样会发生拽引。不过，在大部分指导式精神交感活体系统实验中，都是发送者先受到简单刺激后才发送信息，让另一个人不自觉接收到刺激。只有一次例外，在该实验中，没有人企图影响任何人。

现在，施利茨和雷丁想要知道，发送者在发送治疗的念力时，是不是也可以产生拽引现象。在"爱的实验"中，施利茨及其同仁决定招募一些普通志愿者，训练他们念力治疗的技巧。他们想知道的是，某些条件是不是比另一些条件更容易助长拽引的发生。许多对念力治疗的显示，当事人的动机是否强烈、医治者与被医治者双方是否有某种感情联系以及拥有相同的信念系统，对治疗的成功至关重要。齐尔伯鲍姆相信，拽引只会发生在一起禅修过，换言之，是已经建立起某种心理联系的人之间。不过，在弗赖堡团队的实验中，大部分配对的受测者素未谋面，从未有机会建立联系。他们由此认为，感情联系也许在拽引中有其影响，却不是关键要素。依施利茨的看法，动机是念力成功的关键要素。情况愈危急（例如，对方是癌症病患），成功率愈高，因为治疗者有更强烈的动机想要治好对方。

施利茨及其同仁决定要找些乳癌妇女与她们的丈夫进行实验。为此，他们在旧金山湾区大肆宣传，征求志愿者。不过，他们很快发现必须放宽征求门槛才行。旧金山湾区的乳癌比率高于全国平均值，所以一直有大量与乳癌相关的实验在这个地区进行。从爱的实验得到的惨淡响应，反映出旧金山湾区的乳癌妇女已经参加了够多的实验，不想再多参加任何实验。于是，施列茨只好放宽标准，只要夫妻一方患有癌症即可，而且不限何种癌症。最后他们找来了31对夫妻，包括一些作为控制组的健康夫妻。

斯通通过综合分析各派别治疗师的操作，为参与实验的夫妻写了一份训练手册。训练程序的第一部分是教导发送者怎样集中意念，进入一种高度的专注状态。有科学证据显示，禅修可以使脑波更加协调：至少有25项实验证明，禅修能让脑部4个区域同步化。其他实验则指出，禅修有助于让生物光子的放射更有条理，从而更有助于治疗。

斯通另外还相信，发送者需要学习产生同情心，即学习对伴侣的身体苦痛感同身受。这方面，他使用的主要是一种奠基于佛教"自他交换"观念的技巧。它可以让受训夫妻感受到伴侣的苦痛却又不受其所束缚，进而透过治疗的意念将之转化。培养感受能力还可以消融发送者和接收者的自我边界。正面意念也可以产生正面的生理效果。心灵圆满研究所的麦克拉蒂曾经证明，正面意念（带有爱心或利他之心的意念）往往能带来协调的心跳，而这种协调性很快会被脑部感应到，随之进入同步化，认知表现于是大幅提高。

教导过受测夫妻一些简单的禅修技巧以后，斯通进而教他们如何培养慈悲意念。训练计划的最后一部分是给发送者和接收者双方灌注信心。斯通从治疗过程与超心理学文献中找到证据，证明信心有助于人把意念传送到一段距离之外。

斯通的训练计划原定八周，但由于经费有限，他不得不把课程压缩为一天，不足部分由学员在家练习补足。

雷丁把参与实验的夫妻分为三组：第一组（受训组）由斯通训练，每日练习慈悲意念，为期三个月，然后进行测试；第二组（等待组）先进性测试，再接受训练；第三组是控制组，由18对健康夫妻组成，他们不接受训练，直接接受测试。

实验时，受测的夫妻有一方（在控制组是随意指定，其他两组是有癌症的一方）被请到"依特林室"，躺在一张黑色躺椅上。依特林室是一个一吨重、有厚钢板和双层屏蔽的密闭空间，它的两层钢板和一层实心硬木可以隔绝外界一切声音和所有电磁波。空间内的电子信号全由一条光纤负责向外传送，这样，依特林室就成了一个电磁波上的密闭空间。

待在依特林室的接收者身上连接着一堆仪器，以侦测他们的脑波、心跳、呼吸、皮肤电导和指尖血流量。墙角处放着一部摄影机。

房间四壁挂着土色布幕，由一盏光线柔和的桌灯照明，装饰品包括一株高及天花板的假无花果和奔流山泉的彩色大海报。有人在里面的时候，会有背景音乐流淌于整个房间之中。这些设计，全是为了让受测者不会强烈意识到一旦180

千克重的钢门咔嗒一声关上，他（她）就会与世隔绝，形同被关在一个温暖的肉品工厂冷冻库里。

他（她）的伴侣坐在 20 米开外的另一个黑暗房间里，面前放着一个小电视屏幕，身上也连接着同样的侦测仪器。根据指示，他们只要看到伴侣影像突然出现在屏幕上，就要向伴侣发送一个持续 10 秒的慈悲意念。

斯通、雷丁和其他同仁想要测试两件事：训练是否可以加深夫妻感情，以及发送者和接收者在实验过程中能否产生生理上的拽引。虽然他们也想测试意念力是否可以改善病情，但经费有限，不容他们这样做。

斯通和莱文负责分析实验是否能够加深受试夫妻之间的感情。起初，他们认为那些受过训练的夫妻并没有因为受过训练而加深感情。这发现并不让人意外，因为他们既然愿意一起参加一个需要接受 3 个月练习的实验，就表示他们的感情非常深厚，要再增加并不容易。而且，当初征求志愿者时，施利茨本就尽量挑一些动机强烈的夫妻。稍后，一个更细致的分析显示，受过训练的夫妻感情确有加深，不过雷丁相信，这只是受测夫妻的预期心理所促成的。

负责汇整生理数据和分析结果的是雷丁。他发现，3 组受测者各方面的生理反应都反映出拽引效果。例如，在皮肤电导方面，3 组的发送者在受到伴侣影像的刺激后，皮肤电导反应全增加了 2 秒钟，接收者则是在发送者看到影像半秒后有了同样的反应。不过，与早期的指导式精神交感活体系统实验结果不同的是，接收者的皮肤电导不是增加一下子就下降，而是持续了7秒钟之久。接收者明显对发送者发出的意念有所响应，而且几乎是实时的。事实上，接收者的反应至少比发送者送出意念的时间快上1秒钟。雷丁不确定这是否意味着接收者对意念的来到有预感，因为这个现象可以有别的解释：人的中枢神经系统比意识要更快接收到刺激的信息。因此，接收者的皮肤电导反应可能是来自发送者中枢神经系统的信息（中枢神经系统对影像的反应要比传到指尖的电脉冲速度更快），不是发送者的意念。然而，尽管发送者和接收者的皮肤电导反应有一点点反相，雷丁仍然认为，既有的数据足以显示两者是对应的。

心跳也是类似的情形。屏幕出现影像后，发送者会有五秒钟时间心跳加快，这个情形与人体在做某些心智努力时会出现的反应一致。然而，同样程度的心跳加快也见于接收者——而照常理，一个只是躺在躺椅上的人应该不会这样。

血流量也是同样的情形。只要碰到刺激，我们指尖和脚尖的血管就会微微收缩，以使进入心脏的血流量加大。在爱的实验中，这个现象出现在发送者身上，随之受到接收者身体的模仿。

在呼吸方面，每当受到影像刺激，发送者就会猛吸一口大气，然后在15秒钟后吐出。这种呼吸反应类似于那些准备要去做某些事情的人。不过，接收者的反应有所不同。在接收到意念的头5秒，接收者的呼吸会减弱，几乎就像是停止了似的，然后会在最后5秒吸一大口气。仿佛是接收者为了准备接收信息而屏息静气、侧耳聆听，然后在刺激过后如释重负。

不过，最有趣的结果还是脑波方面的。当接收者的影像出现在屏幕上时，发送者的脑波会微微上扬，然后强烈起伏1/2秒钟，继而急剧下降，约1秒钟后恢复到正常水平。刚开始时微微上扬的波是P300波，它反应的是接收者接收到信号的一刻。脑波下降反映的是接收者在专心调整刺激，以做出适当响应。

在这个实验中，接收者并没有出现P300波，但脑波仍然像发送者，出现几乎直线下降的现象。接收者的脑部反应就跟睡觉和做梦时出现的一样。接收者虽然没有受到有形的刺激，仍然会出现情绪上的反应。

让雷丁这些实验结果更显得不寻常的是，发送者事先并未被告知刺激会维持多久。事实上，发送者和接收者双方都不知道影像会在屏幕上停留多久，换言之，没人不知道发送者多久后才会送出意念。时间长短是由计算机程序随机决定的，从5~40秒不等。因此，夫妻双方的预期心理并无法解释实验的结果。

然后雷丁比较了各组的反应，3组全都出现了念力效应。在每一组里，接收者的生理反应完全反映出发送者的生理反应。然而，这种反应维持时间最长的，是那些接受过慈悲意念训练的夫妻。受训组的接收者不只对刺激起反应，还会持续反应 8~10 秒。以量子的语言来说，这些夫妻已经合而为一。

爱的实验对念力的性质有很多深邃的揭示。送出一个引导性思维看来是能产生具体可触的能量的。在雷丁的实验中，每当发送者发出一个治疗的意念，接收者身体的许多方面都会被活化，就像是受到了轻微电击似的，仿佛感受到了或听到了治疗的信号。

接收者甚至有一种预感能力。有一些记录到的生理反应显示，接收者可以在伴侣发送治疗的意念之前感受到它的来临。

接收到治疗的意念以后，这个意念似乎能使接收者的身体能量变得更为和谐。在治疗期间，健康者身上"有秩序的"能量看来可以拽引和使病人的能量"秩序化"。

为了使意念更有效力，心灵治疗师或发送者需要让自己在心灵和情绪上更"有秩序"。爱的实验证明，某些环境和某些心理状态会让我们的念力变得更有秩序，也更有力，而这些状态可以通过训练得到。雷丁、施利茨和斯通取得的成功显示，注意力、心念、动机和同情心都是念力有效运作的重要前提。不过，除此以外，应该还有其他加强念力效果的条件。

例如，我还需要找出该用什么方法才能松开我们的心灵边界。无论如何，渐渐清楚的是，发送念力时，我们在某个意义下必须使自己"变成"对方。

第二篇·热身

属于我的每一个原子，也同样属于你。

——惠特曼 《自我之歌》

第五章　进入超空间

　　1985 年冬天，在北印度喜马拉雅山上一座透着冷风的寺庙里，5 个西藏喇嘛静静坐着，处于深层坐禅的状态。虽然衣服单薄，他们似乎不把冷飕飕的室内温度当一回事。过了一会儿，一个侍僧给他们轮流披上泡过冰水的湿被单。这样的刺激一般会带给身体极大的震撼，让体温垂直下降。一个人只要体温一下子下降个摄氏 6.5℃，几分钟内就会休克，失去所有生命迹象。

　　不过，那 5 个喇嘛不仅没有发抖，反而开始流汗。蒸汽从湿被单上冒出，一个小时后被单就干透了。侍僧把干被单再换成湿被单。这时候，5 个喇嘛的身体已经热如火炉，湿被单迅速变干。第三批湿被单也是如此。

　　由哈佛医学院心脏病专家赫伯特·本森领导的团队就站在旁边，检视连接在 5 个喇嘛身上的各种仪器。他们很想知道，让身体产生这样的高温的生理机制何在。多年来，本森持续探索禅修对脑部和身体的影响。他展开了一个雄心勃勃的计划，到世界各偏远地区研究修行多年的佛教喇嘛。在一次喜马拉雅山的旅途中，他拍摄到一个喇嘛只穿少许衣服，却在海拔 457 米的山上露宿户外。那一个 2 月的晚上，温度低得吓人，但那个喇嘛照样呼呼大睡。

到处旅行做研究期间，本森目睹了许多奇人奇事，包括一些新陈代谢率低得像是在冬眠的人。以那 5 个喇嘛为例，他们能把指尖温度提高到零下摄氏 8℃，又把新陈代谢率降到比正常低 60%。本森知道，这是新陈代谢率的最低记录。一般人即使在睡觉，新陈代谢率也只会下降 10%~15%。即使是有经验的禅修者也只能降低 17%。不过那一天，本森却目睹了意念最不可思议的表现。那些喇嘛单凭意念，就可以把结冰的水烧开。

本森持续的热忱引起了美国各大学对禅修研究的兴趣。到了 21 世纪，喇嘛已经成为神经科学实验室最喜欢的"白老鼠"。普林斯顿大学、哈佛大学、威斯康星大学和加州大学戴维斯分校的科学家都仿效本森的研究，给喇嘛接上最先进的侦测仪器，以研究深度坐禅的效果。也有专为探讨禅修与大脑关系而举行的学术研讨会。

科学家深感兴趣的不是修行方法，而是它们对人体（特别是脑部）的影响。他们希望透过详细研究禅修的生物学效应，了解人在高度聚精会神时会发生什么样的神经过程，如那些喜马拉雅山喇嘛所显示出的那样。

喇嘛也给科学家提供了一个契机，以了解长年的专注可否突破脑部的一般限制。喇嘛的脑子会像奥林匹克运动员的身体那样，凭锻炼和经验就能加以转化吗？修行是不是可以让人成为更大、更佳的念力发送器？这些问题的答案又将有助于解决一个神经科学聚讼多年的问题：人的脑结构是年轻时就大致固定下来吗？还是说它是有弹性的，会受到人一生的意念所影响，从而发生改变？

对我来说，这些研究最吸引人之处，在于它们可以显示西藏喇嘛是凭什么方法把自己转变为一个热水器，以及他们的方法与其古老传统使用的技巧有何不同。就像本森一样，我对各门类的念力大师充满好奇，不管他们是佛教僧人、气功师父、萨满巫师，还是其他地方传统的治疗师。我希望可以找出他们的"公分母"。气功师父发功的步骤与佛教僧人的坐禅步骤相似吗？是哪一种心灵锻炼让治疗师可以修理好别人的身体？念力大师全都是天赋异禀、神经结构强于常人的人吗？还是说他们只是学习了一种一般人都学习得来的技巧？修行可以使人成为更大、更佳的念力发送器吗？

我对各门各派的治疗方法进行了科学研究，然后自己设计出问卷，访谈了许多位念力大师与治疗师。我的研究工作得到塞布鲁克研究生院心理学家斯坦利·克里普纳及其学生艾伦·库珀斯坦的协助。库珀斯坦现在是临床与法律心理学家，撰写博士论文时曾彻底研究过不同种类的远距治疗方法。

我发现，不管是哪一个传统文化的念力大师，发送意念最重要的第一个步骤都是进入一种高度专注的状态。

据熟悉萨满教和其他印第安疗法的克里普纳指出，所有原住民文化都能借由另一种意识状态来进行远距治疗，而他们会使用各式各样的方法来进入这种状态。虽然使用死藤水之类致幻药物的情况很普遍，但也有许多原住民文化是使用强烈的重复节奏或鼓声。以奥吉布瓦印第安人为例，他们使用的是鼓声、嘎嘎声、念咒声、裸舞和烧红的炭。鼓声对于达到高度专心状态特别有效：许多研究显示，鼓声可以让人的脑部慢下来，进入一种类似恍惚的状态。而美洲印第安人发现，即使是强烈热力，也可催使人进入恍惚状态——他们的"发汗茅屋"就是为此而设。

我曾经访谈过的一位念力大师，即当今西方最有名的气功师父布鲁斯·弗兰齐斯。他除了是武术比赛冠军、柔道黑带五段，还跟随中国师父学习过多年的气功疗法。他的念力力量相当惊人：从录象带上可以看到，他光是运气，就能让人在房间里飞来飞去。在好勇斗狠的岁月，弗兰齐斯曾把许多人打成残废，后半辈得坐轮椅度日。不过，如今他已经知道，应该把自己的特殊本领用在治疗方面。在接受我的访谈时，弗兰齐斯简短示范了一下如何运气。他凝神专注一阵子后，头顶几块颅骨便开始起伏，就像是冲浪板似的。

弗兰齐斯教导弟子怎样透过关注呼吸逐渐培养高度专注的状态。他们一开始呼吸时的间歇并不长，但之后却能慢慢拉长，最终达到持续不断的专注状态。弗兰齐斯也教导弟子如何能清晰地觉察各种生理感觉。

我访谈过的治疗师以各式各样的方法让自己进入专注状态：禅修、祷告、神秘符号、凝神看着病人或想象自己想取得的结果。即使是自我暗示，一样可以作为治疗前的热身运动。

萨满治疗师雅内·皮耶迪拉托用的方法是"轻轻哼唱或念咒"。灵气派治疗师康斯坦丝·约翰逊可随时随地进入专注状态。其他人则没有这种本领，需要花上好些功夫。例如，心灵治疗师弗朗西斯·格迪斯在治病以前，需要用小石头、树叶或小树枝作为焦点，聚精会神，冥想 10 分钟。

还有些治疗师以病人作为冥想对象。身心派治疗师矢迪斯·斯韦克表示："我直接看着病人，将所有五官感受集中在他身上，然后进入一种接收状态，像雷达一样准备好接收任何细微的信息。"另有些治疗师则是专注"聆听病人的一切"。而皮耶迪拉托则说："光是想到有人需要我帮助，就会让我血管里的血流速度减缓。"

许多治疗师在治疗刚开始会感觉到自己的认知历程变得极清晰，不过没多久，他们的感觉却逐渐模糊，只剩下一些纯粹影像，而且自我边界也被消解。接着，他们会突然感觉到病人身体的内部运作，最后还会出现被病人吞没似的感觉。

我非常感兴趣的一个问题是，高度专注的状态会对脑部产生哪些影响？是让脑部活动慢下来还是快起来？一般人都认为，禅修时脑部活动会减慢。有大量研究显示，禅修会让两种脑波的其中一种起主导作用：一种是 α 波（一种慢速、高振幅的脑波，频率为 8~13 赫兹，它也会在浅梦中出现），一种是更慢速的 θ 波（4~7 赫兹），它是熟睡时的典型意识状态。一般人醒着的时候，脑子使用的是速度较快的 β 波（13~40 赫兹）。所以有几十年时间，主流意见一直认为放送念力的最理想状态是 α 波的脑部状态。

威斯康星大学的神经科学家理察·戴维森最近把这个主张付诸测试。戴维森是"情绪处理过程"的专家，而所谓的"情绪处理过程"，是指脑部对情绪的处理，以及脑与身体为此而进行的沟通。1992 年他受邀前往印度的达兰萨拉访问。之后，5 个修为最高的喇嘛飞往威斯康星，参与戴维森的实验。他在喇嘛头颅上连接 256 个脑电波放大器，以侦测他们脑部不同区域的电活动。实验过程中，5 个喇嘛进行慈心禅，祈愿一切众生解脱痛苦。就像斯通安排的念力课程一样，这种禅定方法可以让人进入一种准备好帮助他人的心绪。戴维森找来一群大学生作为控制组。这些大学生从未修习禅定，戴维森为他们安排了一星期的禅修课程，实验时也是连上相同数目的脑电波放大器。

经过 15 秒后，脑电波放大器的读数显示，5 个喇嘛脑部的活动并没有慢下来，反而开始加速。事实上，其活跃的程度是戴维森或其他科学家前所未见的。喇嘛的脑波迅速从 β 转变为 α 波，然后又回到 β，最后升至 γ 波。γ 波是最高频率的脑波（25~70 赫兆），只有脑部从事最困难的工作时才会出现。就像戴维森发现的，当脑部以这种极快的频率运作时，整个脑部的脑波的相位全都会开始同步。这种同步被认为是要达到开悟所不可少的。γ 状态也被认为可以导致脑部突触的改变（突触是电子脉冲向神经元、肌肉或腺体传递信息的交接点）。

5 个喇嘛可以如此快速到达 γ 状态，显示他们的神经过程已经为经年累月的禅修所永久改变了。虽然是中年人，但 5 个喇嘛的脑波却比控制组的年轻人还要和谐、有条理。就连休息的时候，他们 γ 波的出现频率还是比那些年轻人高。

戴维森的发现与一些更早的初步研究不谋而合，证明禅修可以让脑部以极高的速度运作。针对瑜伽修行者的研究显示，在深层禅修中，他们的脑部爆发出高频率的 β 或 γ 波，而它们的出现又会常常伴随着阵阵狂喜或高度专注。看来，能够从外在刺激抽身、向内专注，让人更容易到达 γ 波的"超空间"。处在高峰的专注状态，心跳率也会加快。祷告亦有类似效果。研究者在 6 个新教教徒最全神贯注地祷告时，也录得了他们的脑波加速。

不同的禅修方式会产生截然不同的脑波。例如，修习"无上的爱欲"的瑜伽修行者，其脑波就与佛教禅师有所不同。前者追求的是不断对外在世界有敏锐的感官觉知，换言之，是加强外在的觉察能力；相反，佛教禅师追求的却是内在的觉察能力。对禅修的研究大多着重在那种专注于一种刺激（如呼吸或佛咒）的禅修，但在戴维森的实验中，5个喇嘛观想的是普度众生的慈悲心。说不定，慈悲心（或其他类似的"大"意念）可以让脑部跃升到一种充满能量的高度感官觉知状态。

戴维森和同事安东万·卢茨在撰写实验报告时，意识到他们所录得的，是除疯子以外人类最高值的γ波活动。他们在结论里指出，能不能维持极高的脑波活动，显然与经验多寡有关：5个喇嘛中，修行愈久者其γ波就愈强。这种状态又可带来永久的情绪改善，因为它可以活化与快乐感最密切相关的脑左前部。换言之，喇嘛已经把脑的大部分时间都调得与快乐同频。

戴维森在后来的实验中又证明了禅修改变脑波的形态，即使对新手亦有同样效果。一些新手只花了8星期练习，就让脑部的"快乐区"得到活化，免疫机能也变强了。

过去，神经科学家相信，人脑就像一部复杂的计算机，而这台计算机在人的少年时期就全部建构完成。戴维森的实验则显示，这种理论是错的。脑显然是在不断修改中，视你有哪些意念而定。某些意念会带来可测量的物理变化，导致脑的变化。形式是由功能决定，而意识则有助于构造脑。

在禅修或施行治疗期间，脑波除了加速以外，还会同步化。在对五大洲的土著治疗师和心灵治疗师进行过实地调查以后，克里普纳猜想，治疗师在进行治疗以前，脑部会经历"放电模式"，让大脑的两个半球和谐化与同步化，以及让周边脑区（主管情绪的区域）整合于皮层系统（主管推理的区域）。至少有 25 个实验显示，禅修可以让脑内四个区域的脑波活动同步化。祷告也有同样的效果。一个在意大利帕维亚大学和英国约翰·拉德克利夫医院同时进行的实验显示，念诵《玫瑰经》会对人体产生如同持咒的一样影响。一分钟复诵两者六次，可以让心血管韵律产生"惊人、有力和同步性的增加"。

高度专注的另一个重要效果是让大脑的左右半球整合起来。直到最近，科学家还相信，大脑的两边或多或少是独立运作的。左半球被比喻为"会计师"，专司逻辑、分析性和线性思考；右半球则被比喻为"艺术家"，提供方向感以及音乐、艺术和直觉能力。不过，牛津约翰·拉德克利夫医院的神经精神病学家彼德·芬威克却搜集到许多证据，证明语言能力和许多其他功能是两个脑半球同时作用的结果，而脑子在一体化时运作得最佳。禅修则能让脑的左右半球以一种特别和谐的方式交流。

专注的心念显然可以扩大感官知觉能力的机制，又能过滤掉某些"杂音"。《情商》的作者丹尼尔·戈尔曼做过一些实验，显示禅修既可让脑皮层"加速运作"，又能切断它与边缘情绪中枢的联系。戈尔曼认为，任何人都可以做到这种"关闭"步骤，让大脑进入单一模式，让感官知觉因为没有掺进情绪或意义而变得高度清明。在这个过程中，大脑所有力量皆用于同一件事情上：对当下的一切清楚的觉知。

禅修也可以永久强化大脑的接收力。在一些实验中，禅修者要接受闪光或滴答声的反复刺激。一般人听久了滴答声会习惯，大脑某个意义下会"关闭"，对其不再有反应。但禅修者却不是这样，他们的大脑继续对刺激起反应，显示出他们的感官知觉能力无时无刻不在敏锐地运作。

有一个实验曾经以专注于一的禅定冥想（一种不带价值判断直观当下的修行法）的修习者为研究对象，测量他们的视觉敏感度在参加禅修会之前和之后有没有变化（该禅修会为期 3 个月，每天禅修 16 个小时）。没参加禅修的禅修会工作人员则作为控制组。研究者想要知道，受测者是不是可以看出一次闪光的持续时间和两次闪光之间的间歇长度。没有受过专注力训练的人，很容易把这些快速闪光看成连续的光。结果证实，受测者在参加过禅修会以后，有能力看清楚每一次闪光。由此显示，专注于一的禅定冥想可以让修习者的感官变得清明，对外来刺激保持高度敏感。就像这些实验显示的，某些类型的专注力锻炼法（如禅修），能扩大我们接收到信息的机制，让我们变成更大、更敏锐的无线电收报机。

2000 年，马萨诸塞州综合医院神经科学家暨"功能性磁振造影"专家莎拉·拉扎尔证实，这个过程可以导致实质的生理改变。传统的"磁振造影"使用无线电频率的电波和强力磁场去拍摄人体的软组织（包括脑），但功能性磁振造影则不同，它测量的是脑部关键功能的微小改变。它透过测量动脉和脑血管的血流量，判别出刺激和语言是在脑的"哪里"和"何时"受到的处理。在拉扎尔这一类科学家看来，功能性磁振造影乃是最接近于可以实时观察到脑部运作的科学。

先前，本森找了拉扎尔去为禅修时活跃的脑部区域造影。拉扎尔并没有选择喇嘛或热衷于禅修的人作为实验对象，而是选择了一些普通禅修者：一天只做 20~60 分钟禅修的一般美国人。她和本森找来 5 位志愿者，每个都是修习过昆达里尼禅修法至少 4 年的人。这种禅修法借助两种不同声音让禅修者的心平静下来，在这个过程中也需要观想呼吸。拉扎尔要求受测者轮流禅修与默想一些动物，后者是作为对照状态。整个实验过程中，拉扎尔持续侦测受测者的各种生理活动，包括心跳率、呼吸、氧饱和程度、呼出的二氧化碳水平和脑电波水平。

拉扎尔发现，在禅修期间，受测者脑部与专注力相关的区位脑信号显著增加，这包括额叶皮层（脑部进行高等认知活动的部分），以及杏仁核和下视丘这两个主管勃起控制与自主神经调节的部位。

这个发现与另一个常识相抵触。一般认为，禅修都是一种静默状态，但拉扎尔却证明，在某些类型的禅修中，脑子会进入一种专注但活跃的状态。

拉扎尔还发现，脑部某些区域的信号和神经活动会随着禅修时间和经验而增加。她的实验对象也感觉到，随着禅修经验的增加，他们禅修时的心灵状态会越来越活跃。

在拉扎尔看来，这些结果意味着，经年累月的高度专注状态也许可以扩大大脑的某些部分。为了测试这个假设，她找来 20 位长期修习专注于一的禅定冥想的人，其中有 5 位是禅修老师，这些人的平均禅修经验是 9 年。15 个非禅修者充当控制组。受测者轮流在一个普通的磁振造影扫描机中进行禅修，由拉扎尔仔细制作他们的脑结构影响。

拉扎尔发现，禅修组脑部那些主司专注力、感知力和认知处理的部位要比控制组厚。而禅修的效果毫无疑问是由"剂量"多寡决定，也就是说，年资愈高的禅修者，脑皮层就愈厚。

这个发现进一步证明，禅修可以导致脑结构的永久改变。在这之前，科学家都认为，脑皮层的增厚只能来自一些需要高度专注力的机械性活动的反复锻炼：如弹奏乐器或同时抛接几个球。拉扎尔第一次证明了，专注在某些思想上，一样可以锻炼大脑的"专注"部分，让它增大。事实上，在年纪较大的参与者中，这些区域皮层的厚度要更厚。一般来说，皮层厚度会随人的老化而减少，而固定的禅修可以减缓甚至逆反这个过程。

除了加强认知处理过程以外，禅修似乎还可以整合认知过程和情绪过程。从功能性磁振造影所取得的数据中，拉扎尔找到了"边缘脑区"因禅修而活化的证据（"边缘脑区"主司原始情绪，被称为脑的"本能"部分）。禅修看来不仅可以影响脑部的"高等"能力（分析和推理能力），还可以影响"低等"能力（潜意识和直觉能力）。这证明，禅修不但能提高我们接收信息的能力，还可以增强我们有意识的察觉能力。

僧侣们借由禅定冥想专注于慈悲，试图普度众生，从他们身上，戴维森找到了进入大脑范围的"路径"——一个想要帮助人的部位。那些僧侣扩张了大脑"我能帮您吗"这个部位的范围。而拉扎尔的禅修者，进行专注于一的修行技巧——一种达到高峰的专注力，进而扩大了负责专注力的大脑部位。大脑的观察力一旦增加，便可获取更多的信息，甚至是能以直觉的方式接收到信息。

有些人天生就有一根比较大的"天线"，接收信息的能力优于常人。具有特异功能的斯旺看来就是这样：他有遥视的能力，看得到平常人视力所不及的物体或事件。他曾帮美国政府制定了一个遥视计划，他被普遍认为是世界最厉害的遥视者之一。有一次，斯旺让加拿大劳伦森大学的心理学教授迈克尔·佩尔辛格侦测和分析他脑部的特殊运作。佩尔辛格把脑电波放大器连接到斯旺身上，请他用遥视能力辨认远方一个房间里放着什么东西。在斯旺"看到"那个东西的同一刻，他的六脑高速运作，爆发出大量的 β 波与 γ 波，类似本森在喇嘛身上所看见的。这种爆发现象主要见于右枕骨区，那是一个和视力密切关联的脑区。脑波侦测显示，斯旺进入了一种超意识状态，所以接收得到一般清醒意识所无法接收的信息。

磁振造影机检查的结果是，斯旺的右顶枕叶（大脑接收视觉信息的部位）异常发达。佩尔辛格在另一个具有特异功能的人肖恩·哈利贝斯身上也有类似的发现。脑电波放大器和单光子计算机断层扫描仪显示，在哈里贝斯施展特异功能时，他右顶杞叶的活动量急速增加。显然，正是这种天赋异禀，让他与斯旺可以超越时间、空间和五官的限制，"看到"平常人看不到的东西。

科学已经证明，专注锻炼某些意念有可能改变或扩大我们大脑的某些部位，使之成为更大、更有力的接收器。但它有可能脱胎成为更大的发送器吗？为了找到一些传输意念的更佳方法，我必须研究天赋异禀的念力大师是怎样传输他们的意念。而最容易找到这些人的地方就在心灵治疗师之间。

癌症专家暨心理学家劳伦斯·李山医生研究过心灵治疗

师怎样工作。他发现，他们除了进入高度专注状态外，还有两个共有的特征。一是他们想象自己与病人连结在一起，二是想象自己与病人一起被连结到所谓的"绝对"。

库珀斯坦研究过的治疗师形容自己会"关闭"自我，失去自己并产生与自己分离的感觉。他们感觉自己进入了病人的身体，站在一个制高点。一位治疗师甚至具体感受到自己的身体发生改变，出现了不同的能量模式和能量分布。虽然治疗师不会得到病人的病痛，却可以感受到病痛的存在。在这种连结中，治疗师的感官知觉模式显著改变，活动能力越来越弱。他们被一种纯粹的当下感所充满，越来越感觉不到时间的流逝。他们失去了对自己身体边界的意识，感觉自己变得更高、更亮，被一种无条件的爱所吞没，最后"只剩下一个核心"：

> 我意识到一个不为我所控制的过程……我的意识控制权完全是旁落的，甚至我就像是站在一旁的旁观者。然后某种其他东西接手我的治疗工作……我不认为我除了坐着以外，还有什么可以做的。

其他治疗师甚至经验到更强烈的自我式微。为了完成任务，治疗师必须与被治疗者合一：成为对方，占有对方的生理史和情绪史。他们的自我意识和记忆会消退，进入某种连结意识的空间，在其中，一个"非人格性的自我"取而代之，执行实际的治疗工作。部分治疗师会与守护神神秘合体，而且精神产生变化，自我意识被接管。

依克里普纳所见，具有某些人格特质的人会比一般人更容易认同别人。这类人在心理学测试里被归类为"薄边界"。"哈特曼边界问卷"是由塔夫斯大学精神病学家欧内斯特·哈特曼所设计，用以测试人们的心理防卫性。"厚边界"的人有坚固的自我感，防卫性强，会在自己四周竖起厚墙。薄边界的人则较敞开，没有防卫心理。他们敏感、脆弱而有创造性，很快就能与别人建立关系，也容易游走于想象与现实之间，有时甚至分不清想象和现实。他们不会压抑不愉快的思想也不会把思想和感情分开。他们也比厚边界的人更善于用念力去改变或影响四周的事物。据施利茨的一项研究显示，音乐家和艺术家这些有创造天分的人都属于薄边界类型，心灵影响力也比较强。

薄边界与意念的关系也从克里普纳对华盛顿蓝慕沙启蒙学校的学生所做的测试中获得了证实。该学校很多教育方法（如蒙住学生眼睛让他们在迷宫里找出路）都是设计来让学生放松边界的。校方鼓励学生从事天马行空的想象，声称这样可以打开他们脑部未使用的区域。克里普纳和几个同事对6个善于使用念力的高年级学生进行了心理测试。

心理学家伊恩·维克勒马赛克拉参与了部分在启蒙学校

进行的研究。更早前，他曾以"威胁知觉的高危险模式"为基础，发展出一组心理测试，以判别一个人是不是容易有灵异经验和易于被催眠。虽然这个测试原是为了辨识有心理问题的高危险群，但克里普纳相信也可用它来评估哪些人最容易当上灵媒和心灵治疗师。克里普纳与他的合作伙伴发现，他们很容易便可透过实验去识别哪些人拥有对现实状态毫无弹性的感官意识，那种意识阻绝了他们去感知或去获知"直觉性"的信息。维克勒马赛克拉的模型预测，那些能够关闭威胁感和放开独立自我感的人最能胜任心灵治疗的工作。

6个学生的得分显示，他们都是些边界极薄的人。哈特曼从866个受测者得到的平均分是273分，但启蒙学校学生的得分是343分。在哈特曼研究过的人中间，边界这么薄的只有另外两类人：学音乐的学生和经常做噩梦的人。启蒙学校的学生还表现出一种心理学家称为"分裂"的特质——在需要专注的时候突然走神，以及一种高度的吸收能力，即活动中进入无我状态的倾向，如催眠放松自己和愿意接受其他面向的心态。

在我自己研究治疗师的过程中，碰见过两种类型的治疗师。他们有些自认为是水（治疗的源头），另一些则自认为是水管（让治疗能量得以穿过的管道）。第一类人相信，治疗力量来自他们的天赋。但占大多数的是第二类人，他们认为自己只是一种更大力量的载体。

塔尔格的艾滋病实验曾招募到 40 个不同派别的治疗师，其中大约 15% 是传统基督教徒，使用《玫瑰经》或祷告作为治疗手段。其他是非传统的治疗师，包括布伦南疗光派，以及乔伊斯·古德里奇或李山的学生。有些治疗师透过改变色彩、振动，或者病患的能量场，去变动复杂的能量场。有一半以上的治疗师专注于医治病人的脉轮（人体的能量中心），其他人则透过听得见的振动去重新调整病人的"频率"。一个中国气功师父把气传输给病人；另一个治疗师则采取传统印第安疗法，在新墨西哥的峡谷里伴着鼓声跳舞，进入恍惚状态，并声称自己代表病人与大祖灵接触过。许多治疗师在说明自己的治疗方式时，都提到放松、释放，让灵或光或爱进入自己的身体。在一些治疗师看来，灵就是耶稣；在另一些看来，灵则是星母（印第安人的祖灵）。

我在塔尔格去世前访谈过她。她告诉我，她在各式各样的治疗方法之间找到了一些共通点，即爱心或慈悲心在发送治疗的念力时是必需的。而不管使用的是什么方法，大部分治疗师都同意一点：他们需要放空自己，把医治过程交托给医治力量。他们基本上以意念提出请求（让这个病人得到医治），然后就充当旁观者。塔尔格研究那些病情获得最大改善的病人时，发现他们的治疗师都是将"中介者"角色扮演得最好的人，即懂得站到一边去，让更高的力量接手。他们没有一个人认为自己"拥有"治病的力量。

精神病学家丹尼尔·贝诺尔在他四大册的著作和网站上几乎把所有对治疗法的研究网络殆尽。他也研究过一些最著名的心灵治疗师的自述与著作，其中一位是哈里·爱德华兹。作为久负盛名和被很好地研究过的治疗师，爱德华兹指出，治疗师必须把自己的意志与请求交付给一种更高的力量：

> 也许可以将这个改变（不适当地）描述为治疗师感到有什么落了下来，就像一片窗帘突然遮蔽了他平常警觉的心灵。在他的身体里，他感受到一种崭新的人格，而这个新人格让他被自信与力量所充满。
>
> ……
>
> （进行治疗时，）治疗师也许只会模模糊糊意识到四周的动静。如果你问他一个有关病人病况的问题，他不费吹灰之力就可以回答，换言之，那个答案是他那个知多识广的新人格提供给他的。治疗师只是"收听者"，他已经让自己的"肉体自我"臣服于"灵魂自我"，而活着在当时成了指导者控制下的更高自我。

在爱德华兹看来，治疗师最重要的一步就是站到一边，去除自我，努力不介入治疗。

库珀斯坦研究过的治疗师形容这种经验是把自己交托给

更高的存在，或是交托给治疗过程本身。他们相信自己属于一个更大整体的一部分，即达到天人合一的状态。他们必须撤下自我的局限性边界，融入更高的实体中。随着这种意识的转变和膨胀，治疗师感到自己进入一个更大的信息场，其中闪烁着各种信息、符号和意象。一些不知从何处而来的话传入他们耳中，让他们做出诊断。实际的治疗则是由非他们意识控制的力量执行。

所以，虽然治疗需要以自觉的引导性思维发端，但实际的治疗过程却不需要这样的意念。例如，在一个历时 2 分钟的治疗中，也许只有一分半钟是涉及理性思维的，"然后有五秒钟是非理性的，它是整个高峰，是治疗的关键"。治疗过程中最重要的，无疑是治疗师的交托：愿意放弃自己对事情的掌控，任凭自己变成纯粹的能量。

但这种站到一边的能力对各种念力的行使来说都同样重要吗？我从针对脑部受损的病人的研究中找到了有趣的答案。多伦多大学的研究人员曾经复制普林斯顿工程异常研究实验室的随机事件发生器实验，但有一个重要变动：他们找来受测的是一些额叶受损的病人。结果，除一个左额叶受伤的病人外，其余病人（全是右额叶受伤）都无法影响随机事件发生器。研究者猜测，有这种结果是因为右额叶受伤会减低人的专注力，而左额叶受伤则只会减低人的自我感，不会破坏专注能力。由于少了些自我意识（这是一般人难于做到的），那位左额叶受伤的病人遂能对机器发挥更大影响力。

克里普纳猜测，在一些高度专注的意识状态中，身体会自然"关掉"某些神经连接，包括"关掉"后脑的一个区域。该区域的功能是提供方向感，以及让人意识到自己身体与外部世界的界线。一些灵魂出窍或超感经验就是由于该区域不活跃所导致的，这种不活跃会让自我与他人的界线变模糊，让你不知道你与别人的起讫点何在。

宾夕法尼亚大学的尤金·达奎利和该校校医院癌症药物项目的医生安德鲁·纽伯格用实验证明过这一点。他们发现，喇嘛禅修了一会儿以后，脑额叶变得活跃，而枕叶则变得较不活跃。禅修和其他种类的专注状态也可以影响颞叶。颞叶是杏仁核的所在地，而所谓的杏仁核是一组细胞，主管"自我"意识和我们对世界的情绪反应（让我们对眼前所见产生喜欢或不喜欢的反应）。刺激颞叶或颞叶失调会让人产生熟悉感或陌生感，而这两者都是超感经验的共同特征。以强烈意念聚焦在他人身上，显然可以"关闭"杏仁体，移除去神经意义下的"自我"。

戴维森、克里普纳和拉扎尔都证明，我们能够重塑脑部的某些部位，至于是哪些部位，则要看你进行的是什么样的心灵锻炼。在我看来，明显的是，某些种类的禅修可以让人进入超空间的门廊与高度觉知的状态，把禅修者带入一个不同的次元。说不定，激烈的禅修修习比平静的修习更有力，可以让脑部线路获得不同连接，增强我们接收与发送念力的能力。我曾经假设，念力就像是一种推力，透过把对方推一把而获得你想达到的效果。然而，心灵治疗师的描述却显示那是一个大不相同的过程：行使念力起初需要专注，但继而就得"交托"出去，放下自己和结果。

第六章　对的心绪

　　米奇·克鲁科夫1994年回到美国时，满脑子想着他从印度学来的各种医疗新观念。他是杜克大学医学中心的心脏专家，先前与他的护理师苏珊娜·克拉特一道接受邀请，前往布达巴底的圣谛医院参观考察。圣谛医院成立才一年，是印度教导师赛巴巴为了让穷人得到现代西方医疗照料而创建的，在这所医院就医是完全免费的。院方邀请克鲁科夫当心脏科顾问，让他提一些建议，看看医院需要添入哪些最先进的设备。

　　克鲁科夫和克拉特对他们看到的东西大吃一惊。整个医院无论是特殊的声响还是光线都充满浓浓的宗教味，与各种先进的医疗设备显得很不协调。墙壁上到处是印度教神祇的画像。宗教味甚至就表现在医院的建筑本身。距离赛巴巴的修行处8 000米，整个医院看起来就像一座泰姬玛哈陵，两栋侧翼大楼弯成弧形，像是要给前来的人一个表示欢迎的拥抱。一进大门是一个圆形大厅，造型像倒过来的心脏，尖端指向天空。

　　在访问期间，克鲁科夫和克拉特注意到这种宗教气氛对病人产生的奇特效果。许多病人来自极偏僻的乡下地区，以前从未见过自来水。然而，虽然被诊断出得了威胁生命的重症，得去面对模样吓人的 21 世纪数字心脏仪器，他们却无一流露出害怕的表情。这与克鲁科夫在美国习惯看到的病人大为不同：后者都是惊恐而绝望的。

克鲁科夫想要把这种设计引入美国的医院，但要说服心脏科的同事，他必须有足够的证据证明宗教气氛有助于心脏手术，证明宗教信仰可以产生测量得到的生理效果。

在乘飞机回美国的 18 个小时途中，他与克拉特构思了一个实验计划。他们知道，想要说服别人，就得把祷告的效果付诸测试，进行一场有史以来最大规模的祷告实验。

回到美国以后，克鲁科夫开始翻查科学文献，看看是否已有证明祷告具备疗效的证据。他发现有 14 个设计良好的实验显示祷告有正面效果。最著名的实验是 1988 年由伦道夫·伯德做的，他找来一群基督徒，在冠状动脉加护病房外为病人祷告。得到代祷的病人症状明显减轻，需要的用药量和医疗介入都变少了。美国中部心脏研究院的一个实验则显示，各宗派基督徒的代祷可减少心脏病人 10% 的症状，复发现象也更少。这个实验差不多与塔尔格的艾滋病实验发表于同一时间，被认为可以佐证塔尔格得到的结果。

祷告被视为一种超级念力、一种携手合作的努力：由人发出，由上帝执行治疗。而在某些圈子，念力则被视为祷告的同义词，而祷告又被视为治疗的同义词：由你发出意念，由上帝付诸实行。事实上，许多意识研究者把早期的祷告实验视为一种念力实验，而且是种群体念力实验，因为它们全都企图用一群人在同一时间去影响同一事物。

不管这些早期实验的结果多么鼓舞人心，克鲁科夫知道，他还需要更大规模和程序更严谨的实验。为此，他发起了一个小型前导性研究。他从邻近的德拉姆退伍军人医疗中心招募了 150 个志愿者，全是准备接受血管重建术和冠状动脉支架手术的心脏病人。除了想知道祷告的效力以外，克鲁科夫还想看看远距治疗等另类疗法是否有效。他把病人分为 5 组，其中 4 组除接受标准医药治疗以外，还各接受一种另类疗法：紧张放松法、疗愈性接触、心灵想象法和代祷。第 5 组病人只接受一般医药治疗。每个病人的脑波、心跳、血压都受到持续监测，以了解他们每一刻受影响的程度。

克鲁科夫决定把祷告的"声量"开到最大。在征求志愿的祷告团体时，他的护理师克拉特向全世界发出呼吁。她写信给尼泊尔和法国的佛寺，又写信到 VirtualJerusalem.com 网站，请对方安排一些人到哭墙祷告。她还打电话给巴尔的摩的如尔默罗会修女，请她们在晚祷时为病人祷靠。到最后，她共征到 7 个祷告团体，包括基要派信徒、摩拉维亚派信徒、犹太教徒、佛教徒、天主教徒、浸信会信徒和联合教会信徒。

每个祷告团体都分配有几个病人，他们只知道病人的姓名、年龄和病症。虽然克鲁科夫让各祷告团体自行决定祷告内容，却规定祷告时必须说出病人的名字，以及祈求病人得到治疗和康复。病人与参加研究的人员都不知道谁将被代祷。在血管修复术进行后一个小时，将再进行身心疗法。

实验结果让人印象深刻。接受另类疗法的组别住院期间健康情况得到 30%~50% 的改善，与控制组相比要少些并发症和血管硬化。但也有 25%~30% 的病人情况变糟：死亡、心脏病发、心脏衰竭或血管硬化，或需要再做一次气球扩张术。但在各种另类疗法中，代祷是效果最显著的一种。

不过，这个实验还是太小了，不足以提供决定性结论，毕竟只有 30 个病人得到代祷。尽管如此，实验结果还是让克鲁科夫深受鼓舞。他把这个实验命名为"智思训练的监测与落实"，简称 MANTRA（咒语），将结果提交给了美国心脏协会。就连最保守的心脏病医师现在也开始半信半疑，认为远距治疗也许是有效的，而祷告又尤其对心脏病有帮助。

克鲁科夫知道，他的实验要更有影响力，必须扩大规模加以复制。于是，他发起了第二次实验，取名"咒语二号"（MANTRA II），从杜克大学医学中心和其他九家美国医院招募来 750 个病人，又找来 12 个祷告团体。这一次祷告团体的人数更多，宗派背景也更纷纭，包括了英国的基督徒、尼泊尔的佛教徒、美国的回教徒和以色列的犹太教徒。受到前一个实验成功的鼓舞，克鲁科夫和杜克大学这一回大肆宣传，号称那是远距祷告效力的一次超级实验。

在"咒语二号"中，克鲁科夫把病人分为四组。第一组得到代祷；第二组接受经过特别设计的"MIT疗法"，包括音乐（Music）、想象（Imagery）和触疗（Touch）三部分；第三组则是MIT疗法加上代祷；第四组为控制组，只得到标准的医学治疗。接受MIT疗法的病人在动血管重建手术之前被教导放松呼吸，想象身处自己最喜欢的地点，并聆听自己选择的安静心神的音乐。之后，他们从专业治疗师那里接受15分钟疗愈性接触。这些病人动手术时也可以戴着播放音乐的耳机。

这个新实验的目的，是想看看代祷或MIT疗法是否可以防止或减少病人住院时发生事故的概率。所谓的"事故"，是指死亡、心脏病复发、需要动额外手术、再次住进加护病房，以及显示心脏受到伤害的肌酸磷激酶蹿升等。这一次，克鲁科夫还想测试祷告的长期效果：包括是否可以缓和病人的情绪，是否可以减少病人出院后6个月内的死亡率和再入院率等。

克鲁科夫的实验恰恰进行于9·11恐怖袭击和其余波荡漾期间。有3个月时间，死亡的病人相当多，这让克鲁科夫不得不修改实验的设计。他发展出一个两梯队的代祷策略，招募来12个第二梯队的祷告团队。一有新病人加入实验，第一梯队的祷告团体就会为病人代祷，而第二梯队的祷告团体则为第一梯队的团体代祷。克鲁科夫希望，这可以让新加入的病人得到较多的祷告"剂量"，以期能与早已加入实验的病人获得相同"剂量"的祷告。

正因为宣传做得很大，实验得到的结果也更让人失望。5 个组别的病人住院期间的病情没有任何差异。唯一有益的变化是，在动手术前接受过 MIT 疗法的病人的沮丧感稍微减轻了一点。不管怎样，大规模的"咒语二号"实验仍然算以失败收场。代祷看来并没有让任何病人的情况好一些。

在长期效果方面来看，代祷的确显示出一些效力（例如，病人的情绪较舒缓、再住院的比例减少以及手术后 6 个月内的死亡率降低等），但这些效力在统计学上并不显著，而且也不是当初实验的焦点。

为了从巨大的失败中扳回一城，克鲁科夫设法让实验结果刊登在了英国知名医学杂志《柳叶刀》上。文中，他宣称实验结果让他感到"振奋"，又认为人们对这些结果的解读有误。尽管如此，在怀疑论者眼里，克鲁科夫的实验结果所传递的信息再简单不过：生了病找人代祷是不管用的。

差不多同一时间，在 1997 年，梅奥诊所展开了一项为期两年的祷告效力实验，对象是一些最近才离开加护病房的心脏血管疾病患者。近 800 位病人被分为两组：一组是高危险群（带有一个或一个以上危险因素的，如糖尿病、心脏病、前期血管疾病），一组是低危险群（除既有的症状外没有危险因素）。两组病人各分为两组。其中各有一组除接受一般医药治疗外，还会由 5 个人一周代祷一次，为期 26 周。另两组则只是继续接受标准医药治疗。

研究者在试验后得出的结论是，祷告对死亡率、疾病再发率、需要再接受治疗或再住院的概率，都毫无影响。虽然"被代祷组"和"未被代祷组"的表现是有一些小差异，但这些差异并不显著。

为了一劳永逸地解决祷告是否有效的问题，本森想出一个雄心勃勃的计划。本森是主流医学与另类医学这两个敌对阵营理想的和事佬人选：他一方面是哈佛医学院的教授，另一方面又对另类疗法的研究深感兴趣，还为此创立了"身心医学研究院"，以研究身心疗法的效果，他甚至创造了一个新词来描述身心疗法的效果：放松反应。借助他的名字，祷告实验的结果将有望获得保守阵营的认可。为了这个实验，本森找来另 5 个美国医学的重要力量参与，其中包括梅奥诊所。他把实验取名"代祷治疗效应研究"，预期它将是历史上最大规模和最严谨的祷告实验。

这个实验招募来 1 800 名准备接受冠状动脉绕道手术的病人，分为 3 组。其中两组一组有人代祷，一组没有，但他们并不知道自己有没有人代祷。另一组有人代祷且被告知。本森之所以如此设计，是为了分离开两个可能产生作用的因素：一是祷告本身的效力，二是病人的预期心理。这样，他就可以对照出预期心理的效力。

祷告团体方面，本森招募来天主教修士和另外 3 个基督教派——密苏里州的圣保罗修道院、马萨诸塞州一个加尔默罗会修女团体以及堪萨斯城外的"宁静合一"传道会——的成员。祷告团队里没有伊斯兰教徒或犹太教徒，这是因为本森找不到愿意配合他实验设计的非基督徒团体。祷告团体会被告知病人的名字和姓氏首字母。祷告内容并无特殊规定，但必须包含以下字句："手术成功，复原迅速，无并发症。"祷告团体持续祷告 30 天，这期间病人若发生任何重大事故（如出现并发症或死亡），祷告团体都会接到通知。

研究结果震惊世界，却让研究者感到困惑。最困惑的人是本森，因为一直以来他投入了许多时间鼓吹心灵的治病能力。研究团队本来预期，获益最大的应是"有人代祷又被告知"的组别，其次是"没人代祷但未被告知"的组别，至于"没人代祷有没被告知"的组别则受益最少。但实验结果却显示，有没有人代祷或有没有被告知的组别，表现没有多大分别。不只这样，实验结果还跟研究团队的预期恰恰相反。"有人代祷又被告知"的组别表现最差：有 59% 的病人出现非手术引起的并发症，而未被代祷的组别只有 52% 的病人是这样。就连"有人代祷但未被告知"的组别，心脏病发或中风的比例也略微高于没人代祷的组别。在"有人代祷但未被告知"的病人中间，有 10% 出现严重的手术并发症，没人代祷的病人是 13%。

本森和他的团队不知道该如何解释这种结果。他们甚至怀疑病人是不是得了"表现焦虑症",即因为太期望祷告有效力反而增加了心理压力。

许多评论家认为,这个实验证明了祷告不仅无益,甚至可能有害——至少是证明了祷告的效力无法透过科学实验测试。克鲁科夫也受邀为这个实验撰写了一篇评论,而他指出,这个实验确实显示出祷告有效果——但却是负面效果。他建议人们应该摒弃一种普遍想法,不要以为祷告一定会带来好结果,因为"在某些环境下,好意、充满爱心和真诚的祷告说不定会造成反效果,伤害甚至杀死脆弱的病人"。

《美国心脏学杂志》把实验结果公布在了网上,而本森团队也举行了记者招待会。本森提醒媒体,代祷治疗效应研究并不能作为祷告效力的最后结论。不过它确实引发了一个疑问,那就是应不应该让病人知道有人为他们祷告,这个疑问应该是未来祷告实验最重要的研究课题。然而,其他人却怀疑祷告实验应不应该继续下去,或能不能继续下去。要知道,约翰·坦普尔顿基金会曾提供给本森 240 万美元的实验经费,但却得到这样的负面结果,很可能没有人愿意再资助同类研究。

代祷治疗效应研究的结果看来足以动摇我的大型念力实验计划。然而,经过细细琢磨,我怀疑之所以有这样的结果,说不定是实验设计不良所导致。虽然该实验力求严谨，却在许多方面违反最基本的科学规范。

例如，上述所有实验并没有清楚规定祷告的内容，任由祷告者自行发挥。本森虽然要求祷告者说出"手术成功，复原迅速，无并发症"，但其他部分仍然没有规定。最成功的念力实验都把意念规定得高度明确。例如，在塔尔格的实验中，治疗师接到的不是模模糊糊或泛泛的指示，而是被要求致力于增加艾滋病患者的T细胞数目。因此，本森其实应该指示祷告团体，针对某些特定的心脏病症进行代祷，或者在研究期间减少心脏支架的置入，或是提出其他高度明确的要求，而非含糊的请求改善病情的泛泛之言。

上述两个失败的实验也无一严格控制祷告团体的人数，或控制祷告的频率和时间长度。这一点也许会使群体念力变得混乱。由于实验使用的祷告团体差异很大，所以这些团队的祷告效力并非等值。在本森的实验里，祷告团体被要求一星期祷告4次，但时间长短则容许从一次30秒到几个小时不等。他的助手也从未记录每个祷告者祷告的时间是多长。反观塔尔格，她虽然也使用背景大异其趣的治疗师，但他们轮流交换病人进行医治，所以每一个病人每一次只会接收到一种治疗信息。

就像祷告研究办公室的主任鲍勃·巴思所说："你要怎样量度祷告的剂量呢？例如，一个和尚5分钟的祷告就一定不如 10 个修女祷告 1 小时有效吗？一天祷告 20 次一定比一次更有效吗？"

在评论克鲁科夫的实验设计时，《柳叶刀》期刊亦语带保留："不同宗派的祷告者少一点，会不会产生不同结果呢？"

本森企图使祷告方法标准化的做法也有违各个祷告团体惯用的代祷方法。在一般情况下，祷告团体被要求为某个人代祷时，需要知道病人较详细的信息，包括全名、年龄、病状等，也会想定期了解病情。他们还常常要求与病人和家属见面。有了这种个人信息，他们才能真正知道病人的需要。

本森的实验设计却反其道而行，只让祷告者知道病人的名字和姓氏首字母。有限的信息让祷告团体无法与病人发生有意义的连结（施利茨和雷丁相信这种连结是心灵能产生影响力的重要条件）。一些参与实验的祷告团体反对本森这种设计。正如一个评论者所说的："情况就好比你想打朋友的手机，却只有他电话号码的前三位，这样你又怎能指望他会接电话？"

就像祷告治疗效应研究实验一样，克鲁科夫的实验也不披露任何病人的详细信息，让代祷者无法与病人建立有意义的连结。而在塔尔格的实验里，治疗师却能得到病人的照片、名字和病情等资料。上述的祷告实验并没有测试根据详细资料进行的代祷与只根据名字与姓氏首字母进行的代祷效力有无不同。

　　克鲁科夫和卫森挑选祷告团体的方法同样不科学。他们既没有挑选标准，也不过问团体的大小或有多少祷告经验。而塔尔格只挑选经验丰富和有过许多成功治疗记录的治疗师。虽然施利茨的爱的实验使用了一些业余者进行实验，却先帮他们事前训练，以保证结果均质化。

　　这些祷告实验的另一个问题是没有纯粹的控制组。任何实验要够得上科学，必须做到"随机化"，即随机选取实验组和控制组的成员，再把两者的表现加以比较。然而，当一个人生了重病，家人通常都会为他祈祷。上述几个失败的祷告实验却完全罔顾"未被代祷组别"会有家人代祷的可能性。在"咒语二号"中，不管是控制组还是实验组，皆有89%的病人承认家人为他们代祷。这些病人都是生活在宗教活跃的"美国圣经地带"。

　　缺乏纯粹的控制组当然会让实验结果变得混乱。早期研究"荷尔蒙补充疗法"致癌风险的实验就存在这个问题。这一类实验大多不可靠，因为几乎找不到一生中从未服用过荷尔蒙的女性受测者（避孕药和事后避孕药皆含荷尔蒙）。结果就是，他们根本没有真正的控制组可以对照实验结果，只是把正在服用荷尔蒙的女性与过去服用荷尔蒙的女性进行比较，而两者皆存在着致癌危险。同样的"瑕疵"也见于前述的大型祷告实验，在实验中只是把有祷告团体代祷的病人与有家人代祷的病人进行比较。

这些实验还有其他毛病。在本森和克鲁科夫的实验中，代祷者都不认识病人，以致他们并没有强烈的动机要去治好病人，反观在爱的实验中，发送者却有强烈的动机要治好接收者。正如克鲁科夫指出的，本森的代祷治疗效应研究应该设立一个"安慰剂"控制组（里面的病人全都知道自己不会有人代祷），再把这一组与其他所有成员全被代祷的组别进行比较。没有任何的分析可以比对那些被代祷的病人与有特定宗教信仰的病人之间的效果差异，如果有的话，或许对安慰剂效应可能扮演的角色有进一步的了解。研究者也没有考虑到，他们要求病人向医院医生隐瞒自己参与实验，说不定会让病人产生焦虑。

克鲁科夫的实验会违反基本的科学原理，则主要是一些超出他控制的事件使然。受到9·11事件的影响，他让新加入的病人接受两梯队祷告团队的祷告（即为病人代祷的团体又有另一个团体为其祷告），而先前的病人却仍只由一个团体代祷。因此，在这个实验里，不同病人得到的代祷并不是等量的。这有违科学实验的最基本原则。

塔尔格曾经批评伯德所主导的第一个大型祷告实验（由普通基督徒为心脏病人祷告），指出他们根本不知道那些病人谁吃过药物、谁没吃过，所以无从断定实验效果是来自药物还是祷告。实验过程中也没有判别过病人的心理状态，难保不会刚好有许多心态乐观的病人都落到了被治疗组。有时候，病人预期自己得到治愈的心理也会产生安慰剂效应，让病情大有改善。曾经有一个另类治疗的实验发现，包括控制组在内的所有病人的病情全获得了改善——这显然是病人预期得到医治的心理产生的效果。

但在本森的实验中，病人期望得到代祷的心理却产生了反效果。写过多部谈论祷告著作的内科医生拉里·多西指出，代祷治疗效应研究就像是在吊重症病人的胃口，让他们悬着一颗心，不知道自己是不是够幸运，可以得到代祷。

"天底下没有这样帮人祷告的"，多西表示，"在真实生活中，我们不会担心挚爱的亲人有没有为我们祷告。我们很清楚他们的祷告充满爱心，而且毫不含糊。天晓得那3组病人会因为自己受到的对待有多愤恨？"

他又指出，知道自己被代祷的病人身上不但没有出现安慰剂效应，并发症的比例反而比其他组别更高，这一点意味着"有非常奇怪的反作用力存在于哈佛医学院的这个祷告实验里"。

美国中部心脏研究院所做的实验（让各宗派的基督徒为心脏病人祷告，使他们的症状减少 1/10）也受到批评：毕竟它测量的项目太多，会得到正面结果是一定的。

这些大型祷告实验之所以失败，有可能是代祷本身就没效，或者是祷告效力无法用科学方法测试，但也有可能是这些实验本身问了错误的问题。不管怎样，就像祷告研究办公室主任巴思指出的，这些失败实验在所有的祷告实验中只占少数。祷告研究办公室是联合教会为搜集祷告效力的科学证据而设立的，在该办公室所进行的 227 个实验中，有 75% 显示正面效果。

尽管如此，要测试远距念力的效果，也许不从祷告着手为佳，因为它包含了太多的情绪。塔尔格让自己只测试治疗的念力效果，而治疗的念力是不同于祷告的。念力的效果来自人，祷告的效力则是来自上帝。治疗的念力比较容易控制，研究者想让一群治疗师发出一模一样的意念一点都不难。因此，我自己的念力实验计划将着重于治疗或改善些什么，那可以避开祷告实验常见的困难。不像祷告，远距治疗的效力已经得到可信证明：一共有 150 个实验可以为证。这些科学实验全受过透彻检视，被认为效果显著。即使是吹毛求疵的英国埃克赛特大学教授埃查德·恩斯特亦承认，在他检验过的 23 个实验中，有 57% 显示正面效果。在最严谨的念力实验（即采取双盲程序的实验）中，数据的效应值是 0.40，比两种被认为预防心脏病最有效的药物阿司匹林和恩特来锭的效应值要高上 10 倍。

上述大型祷告实验的失败不只可以为同类型实验作借鉴，还揭示出有哪些元素使得念力的效力最大化。行使念力想要取得成功，除了需要高度专注、站到一边且对一种更高力量提出恳求以外，说不定还有别的决定因素。正如施瓦茨从他对另类疗法的研究所了解到的，治疗师和病人双方的态度对医治的效果也很重要。

施瓦茨的实验是从测试灵气派治疗师的念力开始。他找来费城天普大学前卫科学中心所长贝弗利·鲁比克帮忙。鲁比克是生物物理学家，一向对细微能量感兴趣，擅长使用细菌来做实验。他们决定以大肠杆菌作为实验对象，第一步是先以高温对大肠杆菌施压。施瓦茨、鲁比克和他们的同事奥德丽·布鲁克斯谨慎控制温度，以确保大肠杆菌受到压力又不致全部被杀死。然后请来14位灵气派治疗师治疗活下来的细菌，对它们施行15分钟的标准灵气疗程。每个治疗师以3天时间治疗3个不同样本，仪器则不断计算着存活细菌的数目。

实验结果乍看之下让施瓦茨他们很惊讶，整体来说，灵气派治疗师并没有增加大肠杆菌的存活率。但经过更仔细的检视，他们又发现治疗师其实是有时成功，有时失败的。这种不规则性让3位研究者感到困惑。施瓦茨后来想到，若能让治疗师与被治疗者建立某种感情联系，说不定效果会更好。但要怎样让灵气派治疗师与平常住在我们肚子里的大肠杆菌发生感情联系呢？

在下一回合的实验中，施瓦茨请治疗师每次先花30分钟治疗一个有疼痛症状的病人，然后再回头去治疗细菌样本。这一次，他们对细菌的治疗要成功许多：被治疗的大肠杆菌的存活率明显高于控制组。看来，治疗师在他们的治疗"泵"发动起来后，成功率更高。

尽管如此，治疗仍然也持续出现了反效果。这让施瓦茨想到，治疗师本身的健康状态说不定也是一个变量。他们决定使用"亚利桑那综合评量表"去测试这一点。综合评量表是施瓦茨亚利桑那大学的同事、心理学家艾丽斯·贝尔所设计，可以评量出受测者过去 24 个小时的精神、交际、心灵、情绪与生理等健康状态。受测者填写评量表时，被要求先反省自己在过去 24 个小时各方面的状态，再于一条水平线（线的最右边代表"有史以来最佳状态"，最左边代表"有史以来最差状态"）上标出一点，以表示他认为自己在这段时间内的整体健康状况。一些实验证明，此综合评量表是有用的工具，可以精确判断受测者的情绪和心灵健康程度。

在下一轮实验中，施瓦茨等人请灵气派治疗师在施行治疗前后都用综合评量表来评量自己。根据这些资料，3 位科学家发现一种重要模式，那就是，当治疗师感觉神清气爽时，就能带给细菌有益疗效，使其存活率高于控制组；相反，每当综合评量得分不高，他们的治疗只会杀死更多大肠杆菌。显然，治疗师本身的整体健康乃是决定他们治疗能力的基本因素。

接着，施瓦茨用综合评量表来测试另一种疗法：净灵疗法。他们找来 236 个治疗师和志愿者，请他们填写综合评量表，外加一份用来判断他们进行医治之前和之后情绪状态的问卷。比对这些资料，施瓦茨和布鲁克斯发现了另一个有趣效应：不只是病人在治疗以后觉得自己更健康，连治疗师也有同样的感觉。

对这些施予者而言，施与受一样有福。另一个实验也显示了类似的结果。看来，治疗行为与治疗脉络本身也是有治疗性的。治疗别人的同时也可以治疗治疗者本人。

施瓦茨等人进而研究净灵疗法对心脏病人的医治效果。这一次采用的是双盲步骤，只有统计者知道哪一组病人受到了治疗。测量的主要项目是病人的疼痛、焦虑、忧郁和整体健康程度。3 天后，研究者询问病人是否感觉到或相信自己受到净灵疗法的治疗。而不管是控制组还是非控制组，都有病人坚信自己受到了治疗，也有病人有强烈的感觉，认为自己被排除在外。

当施瓦茨和布鲁克斯把实验数据表列出来的时候，一幅引人入胜的画面出现了。得到最佳效果的，是那些真受到治疗又相信自己受到治疗的病人；得到最糟效果的，则是没有受到治疗又相信自己被排除在外的病人。另两类病人（受到治疗却以为自己没有受到治疗，以及没有受到治疗却相信自己受到治疗）的情况则介乎两者之间。

这个结果显示，正面效果并不是安慰剂效应使然，因为那些误以为自己受到治疗的病人的情况，并没有比确切相信自己受到治疗的病人好。

不过，施瓦茨的实验也披露出，治疗的成败除了与治疗师的念力和能量有关外，还与病人是否相信自己受到治疗有关。另外，对某种疗法是否有信心，毫无疑问也是一个重要变量。在爱的实验中，施利茨和斯通曾经强调共同信仰的重要性，而施瓦茨的实验则再次证明了这一点。

在失败的大型祷告实验里，祷告的发送者和接收者并未分享对上帝的同样信仰。大部分病人的代祷团队都包含信仰分歧的人。就连本森的实验也包含许多不同派别的基督徒，他们的信仰并不完全一致。如此一来，有些病人难免因为受到不同信仰背景的人代祷从而感到不自在。

就像施利茨指出的，这些祷告实验没一个符合科学家所说的"生态效度"。换言之，这些实验并不是依据现实生活的模型设计的。例如，在哈佛大学的实验中，代祷团队被要求以非一般的方式祷告。没有一个大型祷告实验曾测试过代祷团体本身认为最可行的祷告方式。诚如多西所说："那些实验所测试的祷告都不是货真价实的祷告，而是稀释过的货色。"祷告的内容和脉络都被儿戏以对，仿佛祷告只是另一种新药物。另外，本森规定祷告内容要包含"无并发症"这一项，更是违反最基本的祷告常识，因为一般祷告都应该只包含正面内容，不包含反面内容。

施利茨曾指出，代祷要有效力，一般都需要代祷者对代祷对象有一定程度的认识。心理学家、同时也是心身关系研究者的珍妮·阿赫特贝格证明过这一点。她是加州超个人心理学研究中心的研究人员，曾利用经验丰富的远距治疗师进行实验。她让治疗师自己选择病人，并先和病人有所接触。然后，治疗师与病人被隔开，病人被放在磁振造影扫描机里。治疗师以自己原本的治疗技巧随机向病人传输能量，每次两分钟。阿赫特贝格发现，每逢治疗师送出治疗能量，病人的同一些脑部区域（主要是额叶）就会出现明显活动的反应。不过，如果治疗师的对象是他们不认识的病人，却不会出现同样的效果。换言之，祷告与治疗的念力要能发挥效果，祷告者或治疗师与病人之间或许应该有着某种情感联系。

大型祷告实验之所以失败，也可能是研究者找错了地方。一个即将出版的艾滋病实验报告最后也没有发现效果。不过，在该实验中，被治疗组有许多病人正确猜到自己受到了治疗，而控制组则没有。施利茨因此指出："被治疗组的病人似乎感觉到了些什么，只是与被测量的临床结果没有直接关联罢了。"所以，这个实验失败的原因或许只是在于问错了问题。

另一个重要变量也许是病人感受到的意念种类。有研究者发现，负面意念对身体有强烈的负面影响，就仿佛负面情绪是有传染性的，会表现为生理形式。例如，宾夕法尼亚州高等伤口护理中心的研究人员发现，伤口愈合得比较慢的病人常常习惯负面思考，在行为或情感上受到过伤害，如有罪恶感、易怒和缺乏自信。

同一种效果同样也出现在负面人际关系上。俄亥俄州立大学医学院一个近期实验证明，夫妻吵架引起的压力会让伤口的愈合至少晚上一天。研究者找来42对夫妻，各在每对夫妻中的一方用小器具制造小伤口，然后让他们愉快地交谈，事后仔细追踪伤口的愈合进度。几个月后，研究者重做了一遍实验，这一次却想办法挑起夫妻不和，让他们发生口角。结果发现，伤口要多一天的时间才愈合。尤有甚者，争吵激烈的夫妻，伤口愈合速度要比争吵较不激烈的夫妻慢上40%。研究人员检查他们伤口上的液体时，发现里面的白细胞介素–6（一种细胞激素，是免疫系统中的关键化学物质）浓度并不相同。吵得凶的夫妻起初白细胞介素–6的量都太低，而争吵后则变得太高，这意味着他们的免疫系统变化起伏很大。

发送意念的人说不定本身也需要别人的正面意念。克鲁科夫的实验虽然失败了，但一般人都忽略了他的一个重要发现：那些获得两梯队祷告团体代祷的病人，他们出院后六个月内死亡与再入院的比率都比其他组别低30%。另外，同时接受代祷和MIT疗法的病人死亡率最低。这些结果虽被认为只是"具有参考性的趋势"，却说不定正是重点中的重点：代祷要能有效，代祷者本身必须也受到代祷。

其实，这种现象只是生物体总是处于不断双向沟通现象的一个方面。接受治疗的一方如果对治疗方法有信心，心态积极，说不定可以扩大治疗的效力。波普曾经证明，生物体光放射的和谐程度反映出该生物体的整体健康状况。治疗师身体健康、心态积极正面时，放出的"光"看来也会更亮。治疗功效最好的治疗师说不定正是那些先治疗过自己的人。

第七章　对的时间

迈克尔·佩尔辛格在加拿大劳伦森大学地下室的办公室被人戏称为"天堂与地狱工作室"。这间地下室原是个音响室，建于 20 世纪 70 年代，如今内部陈设仍与最初一模一样：巨大的音响喇叭、深橘色的粗毛地毯，以及一把褪色的棕色扶手椅。有超过 2 000 人坐过这把椅子。这些人身处漆黑中，头戴改装过的黄色摩托车安全帽，任凭隔在一面玻璃墙外面的科学家摆布半小时。神经科学家佩尔辛格俨然是工作室里的上帝。他是操纵脑波的专家，靠着把几个简单指令键入计算机，就可以指示安全帽输出低强度的磁场，穿过受测者的颞叶，引发他们的超觉经验（有时则是恐怖经验）。

坐在棕色扶手椅上的受测者看到过的人物有耶稣、圣母玛利亚、穿兜帽长袍的僧侣、穿闪光盔甲的武士以及印第安人的神祇"天灵"。黄色安全帽既产生过出窍经验，也产生过濒死体验。一个记者在接受实验时曾被送回到他人生中最悸动的时刻：第一次看到高中女朋友完美胸部的那一刻。

并不是所有受测者都会看到上帝，也还可能目睹各种光怪陆离的恐怖景象，甚至看到撒旦。一个受测者看到一双瞪着的巨大眼睛，伴随着燃烧的硫磺气味。他吓坏了，连忙撤下安全帽、眼罩、耳塞等 227 公斤重的钢门一松开，他马上夺门而出，拔腿便跑。

佩尔辛格和他的助理解释说，受测者会产生哪种经验，完全取决于生理状况：一个人是左脑的杏仁核比较敏感，还是右脑的杏仁核比较敏感。如果左杏仁核比较敏感，电磁波穿过之际，你就会被带到仙境；如果你不够幸运，天生是右杏仁核比较敏感，就会被打入地狱。

佩尔辛格有一种持续不衰的激情，让他投入研究地质学和气象学对人类生物学的微妙影响，尤其是对脑部电流的影响。佩尔辛格生长于美国南方，在 20 世纪 60 年代为了逃避兵役（基于道德理由反对越战）而往北迁移。1971 年，他在劳伦森大学取得教授职位，从此留在加拿大。此后 40 年，他外表修饰得一丝不苟，总是穿着三件式西装，口袋里挂着袋表，怎么看都不像是个兵役逃兵。从这种保守的外表，你很难看出他有一颗大胆的好奇心。他总是喜欢研究别人觉得怪异的东西，如生物系统的韵律、外层空间的爆炸性能量、癫痫病的本质以及神秘体验的来源等。这些都是差异很大的领域，然而，经这一次顿悟后，他发现这些领域全都可以汇聚在一起。佩尔辛格所领悟到的是，生物不仅会彼此共鸣，还会与地球磁能量的持续摆动产生共鸣。他这个惊人的领悟是以弗朗茨·哈尔贝格的发现为基础，它让我深信，如果行使念力的时间能够准确搭配这些能量的话，说不定反而会大大增加念力的效力。

1948 年，哈尔贝格拿着短期签证，从满目疮痍的奥地利前往美国，进入哈佛医学院当实习医生。他被分派到一个不可能完成的任务：协助找出一种可以医治百病的药物。当时人们相信，这种药物的线索可以在肾上腺分泌的类固醇中找到。类固醇能让身体承受更大的压力，但人体分泌的类固醇数量很少，若能以人工方式合成类固醇，说不定可以医治百病。

哈尔贝格先是用老鼠来做实验。他切除老鼠的肾上腺，然后给它们注入肾上腺素，再观察它们的嗜伊红细胞（白细胞的一种）会有什么反应。在一般情况下，肾上腺素会产生一种跷跷板效应：刺激人体分泌更多的类固醇，而压抑嗜伊红细胞的数目。没有了肾上腺的动物或人类，嗜伊红细胞的数目理应保持静态。然而，哈尔贝格却发现老鼠在被摘除肾上腺后，嗜伊红细胞的数目继续摆动，有时升高，有时降低。后来，哈尔贝格转到明尼苏达大学教学，继续以老鼠做研究，结果还是一样。即使他有时候动那些老鼠的次数不那么频繁（这些时候老鼠承受的压力较少），仍然发现嗜伊红细胞有较大变化。

哈尔贝格对这个现象大惑不解，直至他有一天看出一种规律性才茅塞顿开：老鼠的嗜伊红细胞数目总是早上多而晚上少，完全是按照 24 小时的循环起伏变化。哈尔贝格研究了其他生物过程，发现很多生物也是按照其内建的时钟运作。生物体对于同一个 24 小时循环皆有所反应，换言之，是与地球的自转同步。于是，哈尔贝格创造了"时间生物学"一词，用来指称对生物的时间韵律性的研究。他在明尼苏达大学建立了"时间生物学实验室"，而后他被人称为"时间生物学之父"。他的实验室逐渐发现，时钟般的韵律性不是生物体学来或后天得到的结果，而是一种与生俱来的特质。

除了以 24 小时为周期的韵律外，哈尔贝格还发现生物体与许多其他周期同步：半周性、一周性、一月性和一年性的循环几乎控制着生物体生理运作的每个方面。例如，人的脉搏、血压、体温、淋巴细胞的循环、荷尔蒙周期，全都跟着某种固定的、循环的时间表起伏。这种韵律性不是人独有的，而是自然界随处可见——即使是在几百万年前单细胞生物的化石里，一样找得到这种韵律性的证据。

起初，哈尔贝格相信，控制这种生物韵律的主开关位于脑部的某些细胞或是肾上腺。然而他发现，即使把老鼠的肾上腺甚至整个脑部摘除，某些循环照样发生。八十多岁时，哈尔贝格得出他最后一个突破性结论：生物体的同步器不是藏在体内，而是藏在天上的星体中——特别是太阳。

太阳是一个狂暴的星球。这个由气体构成的巨大球体，表面温度在摄氏 6 000 度左右，被位于太阳大气层的强烈磁场所覆盖。随着太阳表面气体的积聚和磁场的推挤，太阳大气层会定期发生爆炸。人们过去都以为，太阳与地球之间的地带是真空的，无风又无浪，但科学家现在已经知道，太空里有"天气变化"，而且非常极端，如果将这个变化搬到地球上演，地球将在一瞬间爆炸。太阳风（一种不断激烈吹送的带电气体）统治着星体间的空间，不断以322万千米的时速卷向地球。虽然一般来说地球磁场可以偏转此风，但在太阳活动异常激烈时，太阳风还是能穿透地球磁场。

太阳黑子（一些漩涡状气流，从地球望去，像是太阳表面的黑斑点）的积聚和消失都是依据颇为规律的周期，这让科学家能够大概预测到太阳什么时候会出现剧烈变动。太阳活动的盛衰平均是11年一循环。太阳黑子一旦积聚，就表示太阳的侵略性开始增加。然后，在无法预测的刹那，太阳表面将发生大爆炸（大概是由强烈磁场的撕裂和重新连接所引起），向四面八方迸射出相当于400亿颗核子弹的能量。在太阳风的助长下，无数带电的高能质子就像子弹一样，以超过800万千米的时速射向地球。而太阳的日冕也会有规律地喷发出重达10亿吨的团块（由气体和磁场构成），这些团块照样也以几百万千米的时速奔向地球，在太空上引起极端猛烈的地磁风暴。

科学家很早就知道，地球事实上是一块有两个磁极（北磁极和南磁极）的巨大磁石，受到一层不断起伏变化的磁场包覆。这个磁场位于太空中所谓的"磁层"区域，像甜甜圈一样环绕地球。它被太阳风固定在原地，磁力大约是 0.5"高斯"或 5 000"纳米特司拉"。特司拉为磁通量的密度单位，纳米特司拉为其十亿分之一大小——这个强度比一般马蹄铁形状的磁铁弱大约 1 000 倍。

地磁场的强弱因地区和时间而有所不同。太阳系中的任何变动（包括太阳运动、行星运动和地球自转）或地球的地质变动（如地下水的分布或地球内核的变化）都足以改变地磁场的强度。太空中的风暴把太阳风的部分能量转移到地球的磁层，引起地球磁场的粒子在方向和速度上的激烈摆动。负责监测太空天气的国家海洋暨大气管理局指出，在任一太阳周期内，约会有 1/3 的时间出现地磁风暴，而其中将近一半非常激烈，足以影响现代科技。最大规模的地磁风暴（在管理局的量表里属于 G5 级）足以扰乱电力的传输、高科技通信系统和卫星导航系统。1989 年 3 月，一场激烈的地磁风暴让蒙特利尔的 600 万市民 9 小时无电可用。

在哈尔贝格得到他那些发现的时代，科学家已经知道，地磁风暴深深影响着鸽子和海豚之类动物的移动方向，会扰乱它们的方向感，因为它们都是靠地球的磁场来导航。生物学家本来相信，地磁场因为磁力微弱，所以不会对基本生理过程产生多大影响，何况人和其他动物早已每日暴露在现代科技所制造的更强烈的电磁场和磁场之中。不过，苏联科学家在研究太空飞行对健康的影响时，却有证据显示，自然的地磁场，特别是频率极低（低于 100 赫兹）的地磁场，几乎对生物体的所有细胞过程和化学过程都有显著的影响。

苏联科学院太空研究所的科学家探索太空天气对航天员的影响时发现，地磁场的变化深深影响着细菌细胞和人体内微生物的蛋白质合成。地磁变化也影响了植物的微量营养素合成，就连单细胞的海藻一样对太阳活动的起伏产生反应。由于植物和微生物对地磁扰动如此敏感，苏联科学家甚至利用它们作为预测地磁变动的工具。

苏联科学家还发现，航天员如果心跳骤停，通常是发生在出现磁风暴期间。而地球上的疾病似乎也跟太空中的地磁活动有关：每逢发生地磁风暴，生病和死亡的人数就会增加。不过，在各种生理系统中，受地磁变化影响最大的，仍然是心跳的韵律。

太空研究所的科学家曾经做过一个研究，记录一批志愿者在整个太阳周期时的心跳，然后将其与同一时期的太阳黑子数量和其他地磁活动进行比较。我们知道，最健康的心跳率是变化幅度最大的心跳率。太空研究所的实验进而发现，受测者心跳率变化幅度最大的时候是太阳活动最少之际，而"心律变异性"则在地磁风暴的时期降低。当心律变异性受到干扰，受影响最大的是自主神经系统（这是不需要任何意识介入就能自行保持身体运作的系统）。心律变异性偏低的人有冠状动脉疾病与心脏病发的风险。在地磁活动增加的时期，血液的黏度也会急剧增加（有时甚至增加一倍），导致血流减缓。

心血管疾病病人的猝死似乎也与地磁活动有关。心脏病发率的高低与太阳的周期活动相一致：心脏病人猝死率最高的时候就出现在地磁风暴来临的时候。哈尔贝格自己就发现，在明尼苏达州，每逢太阳活动最激烈的日子，心脏病发的人数就比平常高5%。

其实，生物系统（如人类）对地磁扰动这一类外来刺激敏感，一点也不让人惊讶。磁场是由电子流和带电荷的原子（称为离子）所引起，每当磁力发生变化，原子和其他粒子的流动方向就会受到影响。生物体归根结底是由电子之类的粒子构成，所以，任何磁方向的剧烈改变，理应深深影响他们的生理过程。

了解地磁场对生物体的作用之后，哈尔贝格把他毕生的研究重新命名为'星体时间生物学"，即星体如何影响生物韵律的学问。太阳是一个超级巨大的节拍器，设定了所有生物体的步调。

佩尔辛格最想知道的是，地磁场变动会对脑部产生哪些影响？苏联科学家早已发现，太空天气同样可以影响神经过程。位于巴库的阿塞拜疆国家科学院里的科学家曾经用一种特殊仪器持续侦测一小批志愿者的心脏和脑部的电活动，然后把结果与地磁场的韵律进行了对比。

他们发现地磁活动对脑部的运作有着强烈影响。在磁风暴期间，脑电波放大器的读数会变得不稳定。地磁扰动还会干扰脑部某些区域的均衡，严重打乱神经系统的内部沟通，让自主神经系统的某些部分变得过分活跃，又让另一些部分变得太不活跃。

太阳活动亦可影响到心灵的均衡。佩尔辛格发现，太空天气愈不稳定，因为神经失调而住院和企图自杀的人就愈多。地磁扰动看来也与一般性精神失调者的增加有关。本来就患有精神疾病的人，在磁风暴的期间会更加激动不安。

佩尔辛格也好奇地磁波动与癫痫发作之间可能存在的关系。事情的起因是，他的同事、神经科学家托德·墨菲向他披露，自己从小有颞叶癫痫症，碰到癫痫发作，常常会有灵魂出窍的体验。有些数据也已显示地磁活动的增加与癫痫的发作有相关性。癫痫的发作有可能是地磁扰动所引起的吗？佩尔辛格决定在动物身上研究这种可能性。他给一批白老鼠注入氯化锂—匹罗卡品（一种可以引发类似癫痫症状的药物），然后以人工方式模拟地磁活动，并渐次升高激烈的程度，以看看老鼠的反应。结果发现，高于某个门槛的地磁活动，很容易引发老鼠的癫痫。每当地磁活动超过 20 纳米特司拉，癫痫发作频率会更高。

然后，佩尔辛格又发现，癫痫猝死症和婴儿猝死症都与高地磁活动有关。突然间，所有看似不可解释的死亡都有了全然理性的解释，那就是体格较弱的人容易成为太阳无休止活动的牺牲品。

强烈的地磁场似乎也深深影响着学习，不过往往是好的影响。增强的地磁活动可以强化记忆，例如，暴露在地磁场的老鼠学会走迷宫的速度会更快。太阳活动的大幅波动对人类行为与表现还另有微妙的影响。心理学家迪安·雷丁曾研究过地磁场对打保龄球的影响。他记录下经验丰富的保龄球手在一段时间内的比赛表现，然后与同一时期的地磁活动相互对照。他发现，如果保龄球赛的前一天发生大幅地磁波动，球手的成绩比之平常会较不稳定，平均得分与正常时候的差距甚至可达 41%。另一个研究也证明，地磁变动愈大的时期，交通事故与工业意外也愈多。这其中最重要的变量显然是地磁活动的大幅变动：不管是从激烈转为平静，还是从平静专为激烈，都一样。

虽然会有周期性的不稳定，但生物体每天暴露在地磁活动的起伏下也许仍属必要。位于索菲亚的保加利亚科学院日地影响力实验室曾经在苏联和平号太空站上进行过一个实验，研究接触不到地磁场对航天员会有什么影响。研究者用一个直径 6 米的不锈钢减压舱制造出"地磁真空状态"，让 7 个健康的年轻航天员住进舱内，严密监测他们的生理反应。结果发现，他们的脑波活动明显变得紊乱，睡觉也较不安稳，熟睡的时间比较少。

与地磁场保持接触也许是神经系统维持均衡所不可或缺的。事实上，地球上微幅磁场地摆动可以深深地影响到身体的两大引擎：心脏和大脑。

佩尔辛格继而发现其他对人类产生影响的地球物理效应。各种电磁和地磁现象（由地球板块移动、地震或异常高的降雨量造成），全都可以刺激脑部的某些区域，使之产生幻觉。在 1968 年与 1971 年间，埃及有超过 10 万人声称他们在蔡敦一座教堂目睹圣母玛利亚显灵。当佩尔辛格检视同一时期该区域的地震活动时，发现地震频率异常高。有时，电磁效应是人为的。有一次，佩尔辛格碰到一个有初期脑瘤的天主教女信徒，对方声称自己每晚都会看到圣灵降临。经过一番研究，佩尔辛格发现了奇迹的源头，原来是这个女信徒放在床头的电子闹钟在作怪，因为有脑瘤，她比平常人更容易受闹钟的电磁波影响。

佩尔辛格开始想办法在实验室里复制地磁扰动的效应。他的同事斯坦·科伦帮他改装了一顶摩托车安全帽（故称之为"科伦帽"），安全帽可以向着精确的方向放射出非常低频的复合磁场（辐射量大约相当于一部手机）。受测者被请到那个地下音响室（经过改装以隔绝电磁"杂音"），戴上安全帽。一打开安全帽的开关，受测者的脑部就形同暴露在强化后的地磁活动中，会发生神经模式的转换。

经过一段时间的实验后，佩尔辛格发现了一种模式。受测者的脑波会与复合磁场产生共鸣，即使关掉开关，这种同步性仍会持续 10 秒以上。经过一番摸索后，佩尔辛格得知脑部最易受电磁和地磁影响的部位是右边的颞叶。如果向着右脑半球放出一个低强度 1 微特司拉的脉冲磁场，脑波就会放缓至 α 频率（8~13 赫兹），但只有右脑会这样。

我们的"自我感"和"他人感"同时存放在两边的颞叶，但以左脑的颞叶为主，那里也是语言中枢。若要运作正常，左右颞叶必须和衷共济。这种和谐一旦被打乱，大脑就会产生幻觉，感应到另一个"自我"。正如佩尔辛格的实验显示的，刺激右颞叶能让人产生神秘的体验。如果在同一时间用磁场去刺激杏仁核，就会在体验中加入强烈情绪，就像人在降灵体验时感受到的一样。佩尔辛格又发现，如果先刺激一边的杏仁核后再去刺激另一边的，将会让情绪高度复杂化。

透过刺激颞叶，受测者看得到神明现身或感受到灵魂出窍，甚至会产生看到撒旦的幻觉。至于产生什么样的体验，很大程度与受测者的个人背景有关：童年生活不愉快的人右颞叶通常比较敏感，容易看到恐怖场面，有负面体验；较快乐和左颞叶较敏感的人，则比较容易看到神灵和仙境。

这让佩尔辛格很想下一个结论：所有降灵体验不过是地磁活动引发的幻觉。但有一个事实他却未能解释：超感官知觉能力和其他特异功能似乎因特定类型的地磁活动而加强。当地球处于"平静"状态，即地磁活动较少时，心灵感应和超感官知觉的事例就会增加。即使微量的环境因素改变（从天气到太阳系统的小幅变化），似乎都可大大影响超感官知觉能力或遥视能力。隔空移物的能力则相反。而地球能量激烈变动时，意念的力量便有所增强。

20世纪70年代，佩尔辛格与知名超心理学家斯坦利·克里普纳合作（后者当时是纽约迈蒙尼德医学中心睡梦实验室的主任），研究地磁活动对睡眠时心灵感应能力的影响。当时，克里普纳已经把一个测试熟睡梦境中遥感、遥视、预知能力的实验打磨完备。他们把志愿者分为两两一组。当一个睡觉时，另一个在其他房间里全神贯注看一幅图画，并努力用意念把图画内容"传送"到睡眠者的梦境。睡觉一方醒来后，将详细描述自己做过哪些梦，让研究者判断有没有与被传送图画的相似之处。

佩尔辛格和克里普纳发现，受测者的表现在某些日子比较好。对照同一时间的地磁活动纪录，他们发现受测者在地磁活动相对平静的日子梦见图画的准确率显然更高。

地磁活动也能强化人在梦中的预知能力。著名的预知大师艾伦·沃恩能极为详细地在梦中预见未来。他每天把梦境写成日记，以便日后验证。沃恩有一次梦见肯尼迪总统遇刺，时间就在事发前两天。研究人员对照了沃恩的61个预知梦和做梦那些晚上的地磁活动，发现在地磁活动明显比较平静的日子，沃恩做的预知梦最精确。

在地磁平静的日子，自发性的心灵感应事例更多，遥视的精确性也会加强。佩尔辛格用一群夫妻做过一个超感知觉实验。他让夫妻分处两个房间，要他们看一张被磁场笼罩的图片，再要求他们回忆一件以前分享给对方的往事。比较结果之后，佩尔辛格发现地磁活动最平静的时候，夫妻双方的描述最接近；反之地磁活动愈强，两方的回忆就愈不相似。

尽管如此，两性对地磁活动的反应似乎大不相同。他发现，男性在地磁活动高（高于 20 纳米特司拉）时预感能力比较强，而女性则出现在地磁活动低（低于 20 纳米特司拉）的时候。另外，男性在地磁活动高的时候记忆比较精确，女性则在地磁活动低时记忆比较精确。就像克里普纳所发现的，薄边界的人特别容易有超感官体验。

一段时间之后，佩尔辛格发现他可以用"科伦帽"的人工磁场来加强人的超感知觉能力。他的一个学生就是因为受过这种低频率磁场的洗礼，遥视能力大为提高。

1998 年，佩尔辛格决定用他的"科伦帽"做一个终极测试：试着用它来干扰一位知名遥视者英格·斯旺的遥视能力。他把斯旺邀来地下实验室。68 岁的斯旺巨细靡遗地描述出了几张放在另一个房间的照片，三两下就证明了安全帽对他完全不管用。不过，当佩尔辛格用复合磁场笼罩住那些照片时，斯旺的精确度瞬时骤降。这意味着，斯旺是以波的形式接收信息（磁场可以轻易干扰波信号）。就像施瓦茨也曾发现的，人类所发送或接收的信息都必然包含强烈的磁成分。

佩尔辛格拿出的证据让我相信，地磁活动会影响我们接收量子信息的清晰度。但地磁活动也会影响我们发送信息的强度吗？在这方面，克里普纳所做的研究为我们提供了一些线索。他想要测试隔空移物现象最容易发生在地球"杂音"最强的日子的假设。为此，他和他的团队前往巴西，请具有特异功能的阿米尔·阿米顿每天为他们表现隔空移物的奇技，然后再对比他的表现与巴西利亚地区的地磁波动有没有相关性。实验过程中他们也测量和记录阿米顿的脉搏和血压。

克里普纳的团队发现，阿米顿的隔空移物奇技与南半球每日的地磁指数有明显的相关性。他大部分的神奇表演出现在3月10日至3月15日之间，而那是3月地磁活动最频繁的几天。在3月20日那天，他什么也没有隔空取成，而那是当月地磁活动最平静的一天。

每次阿米顿发功之前，血压的舒张压与地磁"杂音"就会上升。这说不定反映出一个人的心脏需要先受地磁活动的影响，才能发送出可影响外物的信息。

有趣的是，就像爱的实验里的夫妻那样，阿米顿的隔空移物能力有时会预示着强烈的输入。有一次，阿米顿和研究人员在房间里，两面宗教雕饰突然凭空出现，仿佛从天而降一样。事后，研究人员发现，雕饰出现不久后，该地区的地磁场强度陡然升高。难道人类有能力预知地磁强度的上升吗？如果可以，这种预知是否可以加强一个人隔空移物的能力？

心理学家威廉·布劳德做过一些关于地磁影响念力的有趣实验。他找来远距治疗师，对人体细胞和其他人发送念力，然后把结果与同期间的地磁活动进行对比。就像克里普纳一样，他发现念力的成功往往是在太阳引起高强度的地磁活动之时。

我们选择发送念力的时间时，除了考虑太阳活动，也应该考虑其他环境因素。包括佩尔辛格在内的科学家发现，在某些日子或一天里的某些时间，具有特异功能者的超感官知觉能力或隔空移物能力特别强。发送念力的最佳时间是"地方恒星时"的中午1点左右。地球恒星时是根据地球与太阳以外其他恒星的关系测量而得。如果从天空上观测，地方恒星时是一个地方的子午圈与春分点之间的对角，因此地球上每个地方的恒星时都与它的经度有关。另外，隔空移物能力在太阳风转强的时候也比较强，而太阳风的强弱大约每30天循环一次。

能见度低与刮强风的时候都不是传送念力的理想时刻，因为空气中含有高比例的带电离子。当分子碰到足以让它释放出一个电子的能量时，就会产生离子。降雨、气压和瀑布释放出的力量会产生离子，大量空气迅速摩擦过陆地的时候也是如此——南加利福尼亚州的圣安娜风就是这样的风。不管是正离子还是负离子，带电量都等于一个静电脉冲，而我们呼吸的空气是由数十亿的微细电荷构成。

"干净"空气每立方厘米包含 1 500 到 4 000 个离子不等，通常都是负离子略多于正离子（1.2∶1）。不过，离子极度不稳定。在我们工业化和高度居家化的生活里，空气中充满着污染和人工物品所带来电磁波，让理想的离子数量明显减少，也让正负离子的理想比例被扰乱。现在，除非是到户外活动，否则我们吸入的只是太低浓度的离子以及太高比例的正离子。生活在这样的环境对我们的健康并不好，也不利于我们接收或发送念力。在加州和以色列进行的实验显示，不管是正离子太少，还是负离子太少，都会减少人脑 α 波的出现，而两者任一的浓度如果突然增加，则会导致急速、鲜明的脑波变动。

佩尔辛格的研究提供了大量证据，证明磁频率影响我们传输信息的能力，也影响脑部接收信息的区域。地球磁场的细微转变对心脏和脑部的影响最明显。许多指导式精神交感活体系统实验和施利茨的爱的实验都证明，这两个部位是人类传输信息的主要管道。检视过佩尔辛格的研究后，我开始把念力看成一种巨大的能量关系，其中涉及太阳、大气、地球和生理的韵律。要有效传输念力，就得把这些能量考虑进来。佩尔辛格不但找出了传输念力的最佳"管道"，也找到了打开这个管道的最佳时间。

第八章 对的地点

1997 年，蒂勒应加利福尼亚州一家公司邀请，帮忙发展一种可以消除电磁污染的产品。这种仪器包含一个石英晶体，那正是蒂勒派得上用场的地方。蒂勒是斯坦福大学荣誉教授、材料科学的专家，在结晶科学界享有大名，写过三本相关教科书和超过 250 篇科学论文。

仪器的外形像一个简单的黑色盒子，大小与电视遥控器差不多。里面装着 3 个频率在 1~10 兆赫之间的振荡器，开着的时候相当于 1 微瓦的功率。盒里还包含着一个程序化只读组件，与电路连接在一起。透过仪器里的石英振荡器，可以过滤入侵的电磁能量，因为石英能转动电磁波的方向，改变量子信息。

蒂勒检视这个仪器时，想到一个大胆的主意。他一直对念力现象感兴趣，自己也做过这方面的实验，并相信念力是一种"细微能量"。他想到的是，手中的黑色盒子说不定可以给念力来个超级测试。如果意念是种能量形式，理当可以"储存"在简单的仪器里，稍后再"播放"出来影响物理世界。实验如果成功，将会证明念力的传输不仅有最佳时间可言，还有最佳地点。

　　为进行测试，蒂勒从土木工程系一位同事和生物系那里借来了一点实验室空间，并对商业化的设备做出一些调整，开始设计实验。他想要孤注一掷，看看"录下"的念力是否可以影响活的生物体。他知道不应该一开始就以人作为实验对象，因为人有太多不可控制的变量。所以，他退而求其次，选择了果蝇。

　　在各种实验用的动物中，果蝇是科学家的最爱，被用来做实验已有百年历史，主要是因为果蝇的生命周期短。果蝇幼虫只需要6天，就可以发育成五脏俱全的成虫，然后在2星期后死去。蒂勒想要加速果蝇的发育过程。他的同事迈克尔·科恩是果蝇专家，曾经研究过给果蝇增加烟酰胺腺嘌呤二核苷酸供应量所产生的结果。烟酰胺腺嘌呤二核苷酸是酵素的重要辅因子，可以透过传送氢而加速细胞内的能量代谢（氢对于设定幼虫内建的生长时钟非常重要）。能量利用率的大小也会直接影响果蝇的健康。

　　烟酰胺腺嘌呤二核苷酸可以驱使电子进入路径，使能量的产生与代谢最大化；低含量的烟酰胺腺嘌呤二核苷酸将不利于三磷酸腺苷的产生。细胞需要氧和葡萄糖把二磷酸腺苷和磷酸转化为三磷酸腺苷。三磷酸腺苷是一种分子，为大部分细胞过程提供动力。二磷酸腺苷和三磷酸腺苷等于是化学能的贮存库，每一个分子都在其磷－氧键里储藏着少量能量。增加烟酰胺腺嘌呤二核苷酸摄取量能提高三磷酸腺苷对二磷酸腺苷的比例，激化、促进细胞过程，从而加速幼虫成长。随着果蝇的成长，三磷酸腺苷对二磷酸腺苷的比例愈高，细胞获得的能量就愈多，果蝇也更健康。烟酰胺腺嘌呤二核苷酸的净效应能促进果蝇从小到老的整体健康。

电磁场可以强烈刺激细胞的能量代谢，特别是促进三磷酸腺苷的合成。蒂勒认为，有理由相信人类意念也是一种类似电磁场的能量形式，问题是，这种能量有可能与电子装备互动，再透过后者刺激细胞的能量代谢吗？

为了进行他的实验计划，蒂勒还需要另一个实验室。他把实验室设在经费资助者位于明尼苏达州的一个小办公室，靠近埃克赛尔西奥，请科恩和自己从前知道过的学生沃尔特·迪布尔坐镇。

1997年1月初的一个早上，蒂勒召集了4个参与者，也就是他自己、他的太太琼和两个朋友（他们都是经验丰富的禅修者），他们围坐在一张桌子四周。他打开包裹着的第一个黑色盒子，放在桌子中央，打开开关。

在蒂勒的示意下，大家一起进入深沉的禅修状态。等大家用意念"净化"过四周环境和仪器本身之后，蒂勒站起来（他是一个高瘦的人，有着明亮而不羁的眼神，留着一小束白胡子），大声念出他先前写下的一段话：

我们的意念要在不伤害果蝇幼虫生命功能的前提

下，致力于施加以下影响：（一）让幼虫体内的氧、质子和二磷酸腺苷利用率尽量增加；（二）让既有含量的烟酰胺腺嘌呤二核苷酸的活动率尽量增加；（三）让线粒体中既有含量的三磷酸腺苷合成酵素的活动尽量增加，以求尽可能增加幼虫体内的三磷酸腺苷含量，最后让幼虫的成长速度显著快于控制组的幼虫。

要果蝇幼虫加速生长，基本上只要让三磷酸腺苷对二磷酸腺苷的比例显著增加即可，不过蒂勒还是刻意把念力的内容规定得细致明确，不容许有模糊不清之处。他相信，意念愈是详细明确，发挥的效果就愈大，所以每次实验，他总是一丝不苟，把目标定得仔仔细细。他加上"在不伤害幼虫生命功能的前提下"一语，是怕欲速则不达，三磷酸腺苷增加得太多会把幼虫杀死。

各个禅修者把意念规则在脑子里默念了 15 分钟。继而，在蒂勒的示意下，大家同时对准黑色盒子发送这个意念，持续 5 分钟，好让意念被"录"到仪器里去。

蒂勒准备了另一个一样的黑色盒子作为控制组。为隔绝各种强度的电磁频率，他事先用锡箔纸把盒子包着，放在法拉第笼里。

"录音"完成后，蒂勒把桌上的黑色盒子（他后来称之为"念力存储器"）重新用锡箔纸包起，也放入一个法拉第笼，分2天把2个黑色盒子快递到1 500公里外位于明尼苏达州的实验室。他们没有让科恩或迪布尔知道哪个黑色盒子录了念力，哪个没录。这两位科学家事先准备了8小瓶果蝇幼虫，把其中3瓶各放在法拉第笼里。收到2个黑色盒子后，再把盒子各放入已有果蝇幼虫的法拉第笼里。

接下来8个月，他们对1万只果蝇幼虫和7 000只成虫进行了测试，每次记录下它们身体内三磷酸腺苷对二磷酸腺苷的比例。最后，他们汇整数据，制成曲线图。蒂勒和科恩发现，不仅所有果蝇的三磷酸腺苷对二磷酸腺苷的比例增加了，而且接近过念力存储器的幼虫，成长速度比一般的快15%。另外，幼虫长大后也比一般果蝇健康——连后代亦是如此。念力不只对果蝇本身有正面效果，还会"惠及其后人"。

到那时候，蒂勒已经用念力存储器为许多其他对象进行过实验，他对实验对象的选择小心翼翼。他需要的实验是必须可以显示出像果蝇那样有真实的、可测量的改变。结果，他选择的实验包括用念力存储器来改变水的酸碱值和影响碱性磷酸酶（一种肝酵素）的活动。他选择水的酸碱值作为测试，是因为水的酸碱值极为稳定，变化通常不会超过1%甚至1‰单位。如果水的酸碱值出现一单位的变化，将是一个巨大变化，不太可能是测量有误的结果。他选择碱性磷酸酶作为实验对象的理由也在于它的变化率极低。

这两个实验都非常成功：念力存储器让水的酸碱值升或

降了一个单位，也让碱性磷酸酶的活动有了显著增加。他把录下意念的念力存储器与对照用的念力存储器全寄给迪布尔，请他复制实验，结果相当成功。在水的实验中，他们的念力成功让水的酸碱值增或降了一个单位，碱性磷酸酶的活动亦显著增加。

在进行实验的过程中，蒂勒注意到一个奇怪的现象：自第三个月起，实验做得次数愈多，效果就愈强，而且见效愈快。

为了想知道这是不是受到一些环境因素的影响，蒂勒决定测量各种环境因素。他记录下法拉第笼内外的温度，发现温度是根据一定的规律起伏的。实验最初，他使用一般水银温度计测量温度，然而，唯恐这个现象是水银温度计本身所引起的，他便改用低分辨率的计算机化数字温度计，最后又改用高分辨率的温度计。但3种温度计的测量结果都一样。把数据制成图表后，他发现温度变化大约以45分钟为一个周期，变化幅度在摄氏3°C左右。蒂勒继而测量了实验室里的水的酸碱值和导电能力，发现见于温度的同一现象也见于这些水：酸碱值会出现周期性起伏（起伏范围在1/4个单位上下），导电能力亦有固定起伏。酸碱值的变化特别让蒂勒觉得神奇。任何事物的酸碱平衡度对改变都非常敏感：哪怕一个人的血液酸碱值只是升或降了一个单位，都表示这人要不是垂死，就是已经死了。

然后，蒂勒又发现了一个模式：每当室温升高，水的酸碱值就会下降，反之亦然。水的导电能力亦显示出同样的模式。显然，他的实验室好像是一种带有特别电荷的环境，已经变成一个拥有不一样的物理特质的环境了。

这个效应继续加大。不管实验对象是什么，念力存储器使用的次数愈多，室温和酸碱值的周期性摆动幅度就愈大。无论窗户是开或关，也无论有没有开冷气或暖气，或者四周有些什么人或物，摆动现象就是完全不受影响。每次测量室温和水的酸碱值，它们始终完全互相协调。而且房间每个角落的测量结果都一样。这个物理空间的每个部分似乎都变得具有韵律并且在能量上非常和谐。

当时，蒂勒和他的同事已经建立起 4 个实验室，彼此距离从 35 米到 275 米不等。但每个实验室皆出现了同样情形：一旦实验次数够多，实验室就会出现同样的周期性摆动现象。

蒂勒从未在自己实验室里看过这一类"有组织性"的摆动。事实上，这个现象也从未出现在世界上任何实验室内。为了确定这个现象不是黑色盒子"本身"引起的，蒂勒及其同事分别进行了 3 个对照实验，把没有储存念力的黑色盒子放在一个地方，然后打开开关。但在这些实验中，水和气温的读数都与平常情形一样。

蒂勒大惑不解，怀疑摆动现象是不是某种物理干扰造成的。于是他把两台电风扇搬到实验室，一台是桌扇，一台是立扇，位于一排温度计附近。他想看看电扇是否能影响空气和水的摆动现象。一般来说，电风扇引起的强烈空气对流可以让温度摆动现象消失。然而，即使他把风扇开得大到吹乱纸张，原来的温度摆动现象仍然存在。

到底是怎么回事？有可能是一种磁效应，蒂勒心想。为了测试水的磁场，他把一块普通磁铁北磁极朝上，放在一盆水里3天，然后测量水的酸碱值。继而，他把磁铁翻面，让南磁极朝上，又放了3天。一般来说，水暴露于这种磁力不强的磁铁（磁场强度低于500高斯），不管是磁铁哪一面朝上，水的酸碱值都会是一样的。

我们所知道的世界是磁性对称的。量子物理学家解释力和粒子（包括磁荷和电荷）的关系时，用的是"规范理论"和"对称性"。我们被认为是生活在一种称为"U（1）规范对称性"的电磁状态中——一种磁力与磁场平方的斜率成正比的状态。换一种简单的说法就是：不管你站在一个磁场的何处测量电磁特性，得到的读数都一样。不管你望向哪里，自然界的电磁法则都是一样的。

如果你在某个地方提高电磁场，将会发现其他所有地方的电磁场都有同样程度的提高。在《宇宙密码》一书中，海因茨·哈格尔斯把宇宙比作一张涂成灰色的无限大的纸张，即便你把纸张某部分涂改成其他深浅的灰色，仍然无法改变它的"规范平衡性',因为整张纸都会变成你涂的那种灰色调,以致你根本无法得知自己涂改过哪个部分。对称的磁状态被称为是一种磁"偶极子"。

然而,蒂勒却发现让水暴露在不同磁极各 3 天后,得到的酸碱值大不相同,差距竟有 1~1.5 个单位。暴露在南磁极的水酸碱度会升高。暴露在北磁极的却会降低。在他其中两个实验室里,暴露在南磁极的水酸碱值持续升高,大约 6 天后达到高峰。然而,如果是暴露在北磁极,水酸碱值的韵律性摆动却慢慢消失。

正统科学认为,单极子只以正电荷或负电荷的形式存在于电力中,不会存在于磁力中(磁力只能透过环绕电荷旋转而产生偶极子)。各国政府花了总计数十亿美元找寻磁单极子,都一无所获。然而,蒂勒却在他的简陋实验室里遇见了磁单极子。而这个现象看来是有扩大效应的。他的每一个实验室在他使用过念力存储器后,都会录得磁单极子类型的现象。

蒂勒觉得自己一定目击了最不可思议的现象:储存在黑色小盒子里的人类念力,竟能以某种方式"制约"实验所进行的空间。

蒂勒想知道,如果他对空间做出改变,同样的现象会不会继续存在。他发现,当他移走房间里的一件物体(如一部计算机),摆动现象会消失 10 小时,然后再出现。如果房间里增加新物件，则会让效应消失几星期，不过最后还是会恢复。仿佛那个空间已经形成了一个高度协调的形态，任何改变或干扰都无法破坏它更高的和谐状态。哪怕蒂勒把念力存储器用锡箔纸包起，放在法拉第笼里，水和室温的周期性变化仍继续存在。在其中一个由谷仓改装而成的实验地点，室温摆动了6个月；在另一个实验地点（一个正式实验室），室温摆动持续了1整年。

换言之，只要在房间里播放念力存储器一阵子，它的效力就会维持很长时间。即便念力存储器已经被移走，实验对象（不管是果蝇、水的酸碱值还是碱性磷酸酶）仍继续受影响。蒂勒决定搬走实验室内的所有东西，看看会有什么后果。他的温度计继续录得温度出现摄氏 –16℃~–15℃ 的周期性摆动。念力的影响力消失得很缓慢，仿佛蒂勒的实验室已经受到某种热力学上的转化。念力的能量似乎可以"充满"整个环境，创造出一种秩序的骨牌效应。

蒂勒想到唯一可对环境产生相似影响的，只有高度复杂的化学反应。然而，他用来做实验的，只是一般空气和净化过的水。根据传统的热力学定律，空气和水都是处于极均衡的状态，如果不施以外部刺激，性质不会有大起伏。他所目睹的周期性摆动现象是世界任何其他实验室从未见过的。

他怀疑自己目睹了一种量子效应。反复回放有秩序的意念，好像能改变房间的物理现实，让空间里的量子虚拟粒子更加"有秩序"。然后，就像骨牌效应一样，空间中的"秩序"会促进实验的成功。由此看来，一再在某个地点放送念力，日子久了，便可以扩大念力的效力。

蒂勒和他的同事以某种方式无意中创造了一个磁单极子和电单极子并存的 SU（2）－规范空间，类似于异域物理学所发现的超对称状态。在受制约的空间里，磁力比例的基本法则会被改变，一种基本的物理属性会产生变化。可以带来这种两极性效果的，是给空间注入一些 SU（2）－规范对称性的元素。

空间的规范对称性一旦改变，便代表周遭的零点能量场发生了深邃的改变。在 U（1）－规范对称性的状态，零点能量场的随机摆动并不会对物理宇宙产生影响。然而，在 SU（2）－规范对称性的状态中，零点能量场却变得较有秩序，并改变了一些物质最细小的成分，最后导致物理现实的构造本身发生深刻改变。

蒂勒感觉自己犹如闯入了一个拥有更高能量的虚玄世界，目睹了一个异常有自我组织能力的系统。事实上，他所测量到的摆动现象带有玻色—爱因斯坦凝聚的正字标记：一种更高的协调状态。在那之前，科学家只有在受到高度控制和接近绝对零度的环境下，才创造得出玻色—爱因斯坦凝聚。但蒂勒却在室温中做到了这一点，而且是用储存在一个简单仪器中的意念办到的。

也有其他科学家看过类似被念力"充满"的空间。其中之一是格雷厄姆·沃特金斯和他妻子安蒂亚。在一连串极缜密的实验中，他们请一些有特异功能的人试着用心灵力量影响被麻醉的老鼠，让它们比一般情况更快清醒过来。实验用的老鼠全经过挑选，事前经过测试，他们麻醉后所需的苏醒时间相同。老鼠被分为两组，一半充当控制组。

在第一轮实验中，实验组的苏醒时间平均要比控制组快4秒。这不能算是显著的结果。然而，随着实验反复进行多次，实验组的苏醒时间一次比一次快。

沃特金斯夫妻把实验重复做了7遍。他们发现，念力会产生一种"流连效应"：即便某只老鼠没有接受念力，但只要把它放在另一只老鼠接受念力时的位置，它仍然苏醒得比一般的时候快。那个空间显然已被治疗的念力充满过，能影响到任何占据该位置的生物。

加拿大蒙特利尔麦吉尔大学的生物学家伯纳德·格拉德也看过类似现象。在给匈牙利的念力治疗师奥斯卡·埃斯塔班尼测试时，他发现埃斯塔班尼碰触过的每样东西，都像是被看不见的能量充满过似的，可以产生治疗效果。

"受制约空间"的观念也被前普林斯顿工程异常研究的科学家罗杰·尼尔森博士在一些圣地测试过。他对这些神圣空间感到好奇，想知道其特殊用途是不是让空间"充满"了能量，可以被随机事件发生器测录到。他做过的一些实验显示，在充满高能量的环境中（如情绪浓烈的聚会），"能量场意识"是可以影响机器，让它更有"条理"的。他带着一部手提的随机事件发生器走访了许多被认为充满集体愿力的地点，其中包括翁迪德尼（苏族印第安人曾在此被集体屠杀）、怀俄明州的魔塔和吉萨大金字塔的王后墓室。在这些地点，尼尔森发现随机事件发生器的输出变得完全不随机，仿佛死去的冤魂或到此朝拜过的所有人的心愿仍然流连不去，形成一道高度协调的能量漩流。

雷丁则用随机事件发生器研究治疗的念力是否具有制约空间的能力。他把 3 部随机事件发生器放在一盘人类脑细胞培养液旁边，请一批治疗师为培养液输送念力，让细胞生长得快一些。只要随机事件发生器的输出变得较不随机，即显示很可能存在着一种较高的协调性。雷丁还准备了另一批细胞培养液，作为控制组。

前 3 天，两组细胞的生长速度并没有太大不同。不过，随着一天天过去，实验组的细胞愈长愈快。从第三天起，三部随机事件发生器变得愈来愈不随机，愈来愈有秩序。由此看来，治疗师的念力似乎也会影响到四周的离子辐射。

就像尼尔森的实验一样，雷丁的实验揭示了念力具有"流连效应"。三部随机事件发生器变得愈来愈有秩序这一点，意味着空间的零点能量场被转换为一种更同调的状态。所以，念力的'充满"显然能对环境产生骨牌效应，带来空间中更大的量子秩序，而这一点则会反过来扩大念力的效力。苏联科学家也观察过类似的现象，他们发现对水施加电磁场，水对电磁场的"记忆"会保持几小时，甚至几天。这个效应像是激光：当4周的零点能量场变得更有秩序之后，意念就会变成一束高度聚焦的有力光束，可以轻易把它切穿。

蒂勒透过发现磁单极子，一步踏入了少有人到过的迷离境界。他的实验还需要其他独立研究者加以复制，才能建立公信力。但如果他的研究成果经得起时间考验，则足以证明，人类意念有改变4周空间的能力。强力的意念看来可以把能量充满到空间里，甚至留驻不去。

这种几乎难以置信的奇特现象让我相信，在行使念力时，地点的选择也许是一个重要考虑因素。说不定，每次要发送一个有目的的引导性思维时，我们都应该回到自己的"寺庙"去——至少是在脑海里冥想着它。

第三篇·意念的力量

打棒球 90% 靠心灵，其余一半①才是靠体能。

——瑜伽修行者　贝拉

---

① 译注：这里的"其余一半"是开玩笑的说法。

第九章　心灵蓝图

　　1974 年，与世界重量级拳王乔治·福尔曼在金沙萨举行的"丛林之战"7 个星期前，阿里练拳时都是一副漫不经心的样子，只是偶尔用几记重拳击打他的陪练。他大多数时候靠在绳边，任由对手从四面八方向他挥拳，只偶尔像是要赶走苍蝇般出拳还击。

　　在他拳击生涯后期这段时间里，阿里把很多训练时间花在学习怎样挨拳，练习在间不容发的一刹那闪过来拳，或是学习控制心灵，让自己在身体被击中时不会感觉太痛。他不是训练自己的身体如何取胜，而是训练自己的脑子不要输掉，并想办法在大多数拳击手早已疲惫不堪的第十二回合撑下去。他最重要的练习不是在拳击台上进行，而是坐在扶手椅上进行。他是在脑子里打拳击。

　　阿里是一个念力大师。他发展出一套心灵技巧，最终改变了自己在拳击场上的表现。比赛前，他总使用各种方法自我鞭策，包括自我暗示、可视化和心智复演。其中最重要的大概是这句有力的公开宣言："我是最棒的。"他也会把一些打油诗挂在嘴边，这些打油诗看似无聊，却也暗含着特殊意图，例如：

我打包票
阿奇·穆尔
第四回合
必然倒地

我一闪身
右拳一击
大熊挨轰
飞出场外

上场比赛前，阿里都会念咒似的念这些押韵小诗（对自己念、对媒体念、对对手念），直到自己完全相信那是事实为止。

福尔曼比阿里小 7 岁，是拳坛历来最凶猛的斗士之一。金沙萨之战的两个月前，仅两个回合，他就用 5 记重拳把对手肯·诺顿打得不省人事了。

媒体预测福尔曼与阿里的胜算是 2∶1，但阿里却改写了福尔曼—诺顿之战的历史，几乎把他对记者预言过的话逐字逐句地变成了现实。

"他拳头很猛，却打不着人。"阿里一再挥着拳对记者这样说："福尔曼只会推人。他出拳慢吞吞，拳头要一年的时间才到得了我的身体。你们以为他能让我心烦？这将会是拳击史上最无聊的一场比赛。"

阿里的念力让他穿过了金沙萨的"丛林"。同一年的晚些时候，他又在菲律宾打败了乔·弗雷泽，那大概是有史以来最残酷、最精彩的一场拳赛。

这一次，他还使用了巫毒人偶。他随身带着一只塑料小猩猩，每逢遇到记者采访，他就把塑料猩猩拿出来，当着摄影机镜头用右拳把玩具猩猩打倒："这只大猩猩在马尼拉碰到我之后准会屁滚尿流，死得很惨。"等弗雷泽最后登上拳击台后，他已经相信自己不过是玩具猩猩而已了。

除了语言念力，阿里也使用心灵念力：在脑子里一再彩排比赛时的每一个细节。他会想象自己大腿疲惫不堪的感觉、腹部疼痛的感觉、脸上瘀伤的感觉、新闻记者镁光灯的闪光、观众兴奋的尖叫声，甚至会想象裁判举起他手臂宣布获胜的情景。他发送得胜的意念给身体，而他的身体则听命行事。

为了了解念力，我除了向科学家的实验室取经，也向在实际生活中成功使用念力的个人或群体取经。我研究他们的方法、他们送出念力的特殊步骤，想从他们的经验中提炼出可为一般人使用的技巧。我另外也想知道，心灵的威力可以达到多大的程度。

最有启发性的例子来自体育界。现在，几乎所有运动项目的选手都会练习所谓的"心智复演"，又称"隐性练习"

或"偷偷摸摸彩排"。事先想象比赛过程，如今被认为是提升运动员表现不可或缺的环节。游泳选手、滑雪选手、举重选手和美式足球运动员莫不使用心智复演来提高自己的表现和稳定性。它甚至被用于休闲性运动，例如，高尔夫球和攀岩。

如今，竞赛运动的教练会定期对运动员实施某种心智复演的训练。有没有接受这种训练，被认为是一流运动员与二流运动员的分野。例如，全国性的美式足球球员就比地区性的球员更常运用心智复演。加拿大的奥运选手几乎也都使用这种心灵想象法。

西安大略大学荣誉教授艾伦·佩伊维厄率先提出，脑子会使用"双重编码"，同时处理语言性与非语言性信息。研究证明，对模式的掌握和时间的拿捏来说，心灵锻炼就像身体锻炼一样有效。佩伊维厄的模型主要被用于有强烈动机的运动员，帮助他们学习与改善某些技巧。涉及心智复演的技巧已受到极详尽的研究，大量见于科学文献与通俗刊物。它们的可信度于1990年进一步得到强化：美国国家科学院在检视过所有相关研究后，宣布其为一种有效方法。

一直以来，运动员的心智复演都被误当作"心灵可视化"的同义词。心灵可视化意味着你像个旁观者那样看到自己在比赛时的表现。这种方法也许对生活的某些领域有帮助，但对运动员的表现却是一种妨碍。心智复演也不同于正向思考，光是抱着乐观态度，是无法增加人在体育比赛中的竞争力的。

有效的心智复演需要运动员从参与者的角度进行想象：仿佛自己正在参加比赛。那等于是一种心灵测试，比如，阿里就会事前估算当他右拳击中弗雷泽左眼时，对方会有什么反应。运动员要将未来比赛展开过程的每一个细节可视化，预测、排练每一种可能碰到的状况，预先想好遇到不利处境时要如何克服。

特蕾西·考尔金在1984年的奥运会上获得了3枚金牌。先前，她已打破过5项世界纪录和63项美国纪录，才23岁就被认为是有史以来最优秀的美国游泳选手。她唯一欠缺的只是几枚奥运会金牌。

当时，电子碰触板已取代秒表，成为奥运会游泳比赛的计时工具。秒表只能测到零点零几秒的差别，电子触碰板则可判别至0.001秒——比眨眼快上400倍。在奥运会的游泳接力项目中，选手被容许在前一棒的队友碰触到电子板之前的0.2秒下水。这种更精细的计时方法非常有必要，因为胜负有时只在0.001秒之间。

在女子400米接力赛中，特蕾西之所以能够击败对手，正因为她能够在队友碰触到电子板的0.01秒前跳下水。

虽然她的对手都跟她不相上下，但特蕾西却有一个巨大优势。她早已熟悉比赛过程的每一环节：从跳水、入水、冷水流过头部的感觉，到最后的奋力领先，她都已经预先"重复排演"过。她也早模拟过那让她能以千钧一发之差击败对手的跳水，那一刹那每天晚上都在她脑子里重演。奥运会女子游泳接力赛的结果不过只是她意念的重演。

最出色的运动员事前会在脑子里巨细靡遗地拆解比赛过程，致力于改善自己每一个细节的表现，务求完美无瑕。他们聚焦在最困难的时刻，想出解决之道，例如，怎样在裁判误判或肌肉拉伤时保持冷静。他们会根据刚学习的某种新技巧，或是要加强或改善某种已习得的技巧，来使用不同的意念。就像阿里一样，所有精英运动员都懂得如何把不利的心灵图像改编为有利的画面。

能否获胜，要看你的心智复演有多详尽。老练的运动员心灵图像鲜明、细致，而且会把整场比赛从头到尾排演一遍。最重要的排演部分是得胜之际：排演胜利看来有助于确保胜利。杰出的运动员会演练自己得胜时的感情，特别是狂喜的感觉：父母的反应、奖品或奖牌、赛后庆功宴和额外的奖赏（如厂商赞助）。他们还会想象观众只对他们自己的表现喝彩的情形。

经验丰富的运动员在心智复演时投入所有感觉。他们不仅用心看到未来的比赛，还听得到它、感觉得到它和嗅得到它。四周的环境、竞争对手的样子、他们身体散发的汗味，还有观众的掌声，全都出现在他们眼里、耳里、鼻子里和舌头里。在所有需要排演的感官感觉中，最重要的是肌肉运动的感觉。愈有经验的运动员愈清楚必须想象自己在进行比赛时的身体感觉，例如，冠军划艇手会排演划桨时的肌肉紧绷感。

有些运动员还会事先考察比赛场地，然后想象自己置身其中的情景。这一类选手的表现，似乎比光是关在家里使用心智复演的选手还要出色。

前匹兹堡钢铁人队的跑卫罗基·布莱尔曾经用念力帮助球队赢得超级杯。他的方法是将比赛的每一个细节浸透在心灵里。比赛前两星期，他每天早餐和就寝前都会进行心智复演。比赛前的最后时刻，他更是非得来一趟总排演才会感到安心。坐在长凳等上场时，他则排演30码传球和30码穿越。所以，不管比赛过程中出现什么状况，他都已做好万全准备。

不同运动有不同的复演方式，例如，需要速度与协调性的运动，其所使用的心智复演一般并不适用于需要肌肉力量的运用。最适合举重选手的心智复演是在脑子里举起一样令自己匪夷所思的重物。

一般认为，愈能放松的运动员表现得愈好，但我从念力大师身上发现，放松状态不一定是最理想的状态。一项对空手道的研究也显示，在施用念力前使用放松技巧对于改善表现并没有帮助。比较用得着的放松技巧只是那些容易紧张、需要冷静下来的运动员。另外，放松技巧对篮球运动员投篮或高尔夫球手推杆也有帮助。不过就像戴维森研究过的喇嘛一样，最出色的选手也会让自己进入一种高度专注的状态。

但为什么脑子里的预演可以确实影响比赛当天的表现？一些线索可以透过对脑部的肌电图仪扫描获得。透过侦测运动神经元放出的电子所引起的肌肉收缩，肌电图仪能实时显示脑部对身体下指令的情况。一般来说，肌电图仪是供医生诊断神经肌肉方面的疾病，或是测试肌肉是否对刺激有适当反应。

但肌电图仪同样有助于解决一个科学谜题：脑部会不会区分思想与行为？思想能不能创造出与行为一模一样的神经传递模式？有研究者曾把肌电图仪连接到一群进行心智复演的滑雪选手身上，发现传递给他们肌肉的电脉冲模式，跟他们在实际滑雪时出现的模式一模一样。由此可见，不管那些选手只是想着某一动作还是实际执行，脑部都会对身体都发出相同的指令。

而脑电波放大器的扫描结果也显示，不管是光想着还是实际执行某种动作，脑部产生的电反应是一模一样的。例如，举重选手仅仅是受到心灵刺激的锻炼，身体的实际运动技能一样会被激活。光是思想，就足以下达执行实际动作所需的神经指令。

以这些研究结果为基础，科学家对心智复演何以能产生实际效果提出了一些有趣理论。其中一派认为，心智复演可以创造出实际行动所必需的神经模式。这就好比脑部只是另一种肌肉，事先的排练可以让它在执行实际行动时更加流畅、有效。

运动员锻炼身体时，神经信号会沿着特定路径刺激肌肉，而它所携带的化学物质也会在路径上留存一小段时间。因为有这种残留效果，日后任何沿同一路径进行的刺激都会传输得更顺畅。我们会有较佳体能表现，是因为从意念到行动的信息路径已经被辟出，就像是在一片荒凉的旷野中铺下了铁轨。未来的表现会得以改善，是因为你的脑子已经知道路径，随着它走就好。由于大脑无法区分实际行动与对该行动的想象，所以心智复演就像实际的锻炼一样，可以在我们的神经路径上铺下铁轨。

不过，心灵锻炼和身体锻炼还是有若干重要的差异。如果身体锻炼过度，便容易疲惫，而让肌电传输的路径受阻。但心灵锻炼却不会这样：锻炼再多，也不会有"路障"出现。

另一个差别与效果有关：心灵锻炼所形成的神经肌肉模式会略弱于身体锻炼。虽然两种锻炼产生出相同的肌肉模式，但想象性锻炼产生的强度较小。

为了产生最大效果，心智复演必须契合真实的状况，即以正常速度进行。按常识，排演应该慢慢来，以电影里慢动作似的速度进行，但研究结果显示却不是这样。科学家用肌电图仪侦测滑雪选手后发现，他们如果以"慢动作"进行排演，产生出来的肌肉反应模式将完全不同于正常速度产生的模式。事实上，"慢动作"排演会产生出与"慢动作"实际执行的一样的肌肉反应模式。

心智复演不会出现交叉训练这回事：念力只能促进你排演过的运动项目，其效力不会转借给其他项目，哪怕两个项目动用到相似的肌肉群。一个有趣的实验可资证明。研究者把一群赛跑选手分成四组：第一组用想象"锻炼"40米赛跑；第二组接受踩健身脚踏车的实际锻炼；第三组同时接受上述两种锻炼；第四组是控制组，什么锻炼都不做。6星期后，研究者让4组选手参加两项测试：一是用最大气力踩健身脚踏车，一是全速跑40米。两种活动需要的运动能力和腿部肌肉都大致相同。

在踩脚踏车的测试中，唯一有进步的组别是那些受过踩脚踏车锻炼的选手。然而，在跑步测试中，却只有接受过心灵锻炼的选手有明显进步。显然，特定的想象只会加强你在想象项目的表现，不会全面加强你的肌力。运动神经元的训练独特性很高，只会影响到你在脑子里排练过的项目。

除了改善运动表现，心灵意念还会带来实际的生理改变。克里夫兰基金会的岳刚是运动心理学家，他把定期去健身房的人与那些只会在脑子里进行虚拟锻炼的人加以比较，发现后者的肌力增加幅度竟也接近前者的一半。

研究者找来一群年纪在 20~35 岁之间的志愿者，让他们接受"想象的"二头肌锻炼，一星期 5 次。才几星期之后，研究者就发现，参与者的肌肉面积和肌力都增加了 13.5%。这种效果在心灵锻炼停止后还保持了 3 个月。

1997 年，切斯特大学的戴维·史密斯医生得到了相似的实验结果：实际接受锻炼的人的肌力增加了 30%，只想象自己接受训练的人的肌力增加了 16%。由此看来，光是引导性思维就足以让卡路里得到足够的燃烧。

用意念去观想，也可以让人改变身体的某些部分（这对不满自己身材的人可是一大福音）。一个实验证明，在催眠的状态下，妇女光是想象自己坐在海滩，胸部受到温暖太阳的照耀，胸围就实际有所增大。

运动员使用的可视化方法也可以用于治病。以某些心灵图像看见自己与疾病战斗，可以舒缓冠状动脉疾病、高血压、腰背痛与肌骨疾病（包括纤维肌痛症等急性病和慢性病）。可视化方法还可以改善手术后的恢复情况，有助于控制疼痛，以及减少化疗的副作用。

事实上，我们甚至可以凭病人使用的可视化方法来预测他们的康复概率。心理学家珍妮·阿赫特贝格曾用可视化方法成功治疗过自身的一种罕见的眼部肿瘤，她进而研究一群使用可视化方法与癌症搏斗的病人。结果，她以 93% 的精确度，预测出哪些病人会完全康复，哪些病人的情况会变差或死亡。那些成功进行过自我治疗的病人将结果可视化得极其鲜明，栩栩如生，使用的意象也比较有力。另外，他们也会定期使用可视化方法。

如果说大脑没有能力区分思想与行动，那身体会听从任何一种心灵指令吗？如果我发送一个意念，要求身体冷静下来或加快速度，它必然会听话吗？"生物反馈疗法"和"身心医学"方面的文献显示，答案是肯定的。1961年，耶鲁大学行为神经科学家尼尔·米勒率先提出，就像小孩学骑单车一样，人们在经过训练后，将可用心灵影响自己的自主神经系统和其他生理机制（如血压和肠道运动）。他拿老鼠进行了一连串的实验，发现如果以刺激老鼠脑部的快乐中枢作为奖励，可以教会老鼠随意减低心跳率、控制肾脏中的尿比率，甚至让两只耳朵的血管有不同程度的膨胀。米勒认为，若连这么低等的动物都可以达到这种程度的内部控制，那么智慧较高的人类不是应该更能操控自己的身体过程吗？

有了初步收获后，许多科学家进而发现，自主神经系统的信息可以给人做出"反馈"，让病人知道该向身体哪个部位放送念力。20世纪60年代，麦克马斯特大学的医学教授约翰·巴斯马吉安训练脊髓受损的病人借助肌电图仪来重新控制脊髓里的单细胞。差不多同一时期，门宁格学院的心理学家埃尔默·格林，也开始使用生物反馈疗法帮助病人自己治疗偏头痛（格林是以生物反馈疗法治疗偏头痛的先驱，他发现，只要病人运用一种结构性的放松法，偏头痛就会消除），如今已变成被广为接受的疗法。生物反馈疗法对于治疗雷诺氏症—— 一种血管疾病，患者受冷后指尖会变冷、变苍白，甚至会变成蓝色——特别有用。

在生物反馈疗法中，病人身上连接着传感器，以侦测自主神经系统的各种活动，包括脑波、血压、心跳和肌肉收缩等。一发现异状，计算机就会用声音或视频通知病人。例如，当仪器一侦测到雷诺氏症患者手部血管收缩，就会闪灯或发出哔哔声，让病人知道该用意念去叫手部温暖起来。

自此以后，生物反馈疗法几乎成了各种慢性病（从多动症到更年期妇女潮热）的标准疗法之一。中风病人和脊髓受伤病人如今也利用生物反馈疗法来恢复麻痹了的肌肉，或使其重新获得使用。此外，它还被证明能消除幻肢疼痛，航天员也一直用它来治疗动晕症。

较传统的观点认为，生物反馈之所以产生作用，是因为它可以使人放松，从而让自主神经系统冷静下来。然而，有那么多症状靠这个方法治疗，可反映出它的机制更多的是意念的力量。几乎每一种被仪器侦测到的身体过程（哪怕只是一个控制一根肌肉纤维的神经细胞的活动），都能透过意念控制。这些实验里的受测者几乎完全可以控制自己的体温，甚至左右血液流向脑部的方向。

就像生物反馈疗法一样，"自生训练"也证明了许多身体功能可为我们的意识所左右。这个方法由德国精神病学家约翰内斯·舒尔茨发明，是一种放松身体的技巧。练习过这个方法的人能降低血压、提高四肢末梢温度、减慢心跳和呼吸。除用于减轻压力以外，还用于治疗慢性疾病，如哮喘、胃炎、溃疡、高血压和甲状腺肿大。甚至有证据证明，"自生训练"可以有效使用于群体之中。

对一只猫而言，走近位于墙角另一头的喂食碗的过程不啻一种涅槃体验。鲍灵格林大学的荣誉教授亚克·潘克沙普主张，这种预期心理引起的快乐感与脑部的"寻求模式"有关。这是人类与其他动物共有的五种原始情绪之一。寻求系统可以帮助动物探索和找出它们所在环境的意义。当一只动物处于高度预期或强烈好奇的状态，它的寻求回路就会完全打开。就像潘克沙普发现的，任何动物情绪最高亢的时刻不是抓到猎物的那一刻，而是狩猎的过程，这一点让他很吃惊。

当动物产生好奇心，脑部的下视丘就会被点亮，分泌出引起快乐感的多巴胺（一种神经递质）。科学家过去相信，是这种化学物质本身引起的快乐感。不过，现在已经知道，多巴胺的真正作用是刺激某些神经回路。真正让动物感到快乐的是脑部探索区的活化。

40 年前，加州大学洛杉矶分校的神经生物学荣誉教授巴里·斯特曼意外发现，这种预期情绪会让猫进入一种类似禅修的状态：在获得奖赏的前一刻，它们的脑波频率降低到8~13赫兆（相当于人类的 α 脑波频率）。最后，斯特曼成功让两只猫学会随心所欲地进入这种状态，不需要任何奖励作为刺激。这等于是教会动物控制自己的脑波。

但人类能做到同样的事情吗？为了验证这一点，斯特曼需要找到一个脑波异于常人、只要脑波有所改变就能很清楚地表现出来的人。他找到一个饱受周期性癫痫发作之苦的女士，而她会这样，是因为他脑部的 θ 波在不适当的时间出现所致。斯特曼做了一个生物反馈脑电波放大器，它会在这个女病人出现 θ 脑波时闪红灯，出现 α 波时闪绿灯。斯特曼教导她，每当她看到红灯，就努力用意念改变自己的脑波。经过一段日子之后，她开始可以控制自己的脑波状态，癫痫发作的次数减少了，强度也减弱了。斯特曼把自己人生的另 10 年用来研究癫痫，并教导病人自行减低发作次数的方法。

20 世纪 80 年代，美国心理学家尤金·佩尼斯顿和保罗·库尔科斯基利用斯特曼的发现来帮助酗酒的病人。他们让病人靠着脑电波放大器的指示，努力用意念减少自己的 β 脑波（酒瘾发作时较为强势的脑波），增加 α 和 θ 脑波。结果，有八成的病人最后能控制自己的酒瘾，远离酒精。这个训练似乎还改善了他们血液的化学成分，增加了脑内啡。脑内啡是另一种会让人感觉愉快的化学物质。生物反馈疗法加上心理辅导，让其中大部分的人不再出现功能失调行为，而是转变为勤快上进的人。

芝加哥大学的心理学家乔·卡米亚证明了人能感受到自己的脑波。他把脑电波放大器电极片连接到受测者的头皮后侧（α脑波最为活跃的区域）。然后，在听到脑电波放大器发出某个音调时，受测者得去猜他们的脑波是不是以α波为主。比较过答案和脑电波放大器的记录后，卡米亚会让受测者知道他们是猜对了还是猜错了。第二天，其中一个受测者猜对了2/3，再一天后，他更是几乎每次都猜对。另一个受测者则发现一种办法，可以让自己在预定时间内进入特定的脑波状态。

生物反馈脑电波放大器现已发展为一种精细的方法，可让人控制自己脑波的类型和频率。这对忧郁症患者特别有效，也可以帮助学生集中精力，增加他们的创意和专注力。由此可见，意念之所以能够影响脑部，很可能正是由于脑波能够影响脑波之故。

催眠也是一种念力形式，一种对脑部下指令的方法。催眠师反复证明了一点，即脑部或身体很容易受到引导性思维的控制。

催眠的力量在一群得了鱼鳞病的病人身上有过戏剧性的展现。鱼鳞病是一种皮肤病，患者身体有很大面积会长出丑陋的鱼鳞状红斑。在一个实验中，5个病人被催眠，催眠师要求他们把意念集中在身体长斑的地方，想象那里的皮肤已恢复正常。几周之内，每个病人身上 80% 的鱼鳞癣都消失了，皮肤变得光滑清洁。

在另一个实验中，一群要接受脊椎手术的病人被催眠用意念把血流从脊椎导引开，结果，他们在手术中的失血量比正常少了将近一半。这一类方法也可以帮助孕妇导正胎位，让烧伤病人加速痊愈，让胃肠出血病人更快把血止住。显然，在改变了的心灵状态中（类似深沉禅修带来的超警觉意识状态），念力可以说服身体忍耐疼痛、治疗很多严重疾病。

西班牙医生安赫尔·埃斯库德罗为病人开刀都不使用麻醉剂，他做过的复杂手术超过 900 例。英国广播公司曾拍摄他开刀的实况。影片中，一个女病人在没麻醉的情况下接受手术。埃斯库德罗只要求她不断用口水湿润嘴巴，以及反复对自己说："我的腿已经麻醉了。"这句话的效力就如同念力一样。而干燥的嘴巴对脑子来说是一个警报信号。只要嘴巴湿润，脑子就会以为一切正常，相信"我的腿已经麻醉了"，从而关闭疼痛的接收器。

斯坦福大学精神病学暨行为科学教授戴维·施皮格尔做过一个精彩的实验，这个实验让我们了解到，人在催眠状态受到念力的影响时，脑部会发生什么变化。他让受测者看着类似蒙德里安作品的彩色格子图案，与此同时，用想象力把所有彩色抽去，只留下黑色和白色。透过使用可记录脑部物理活动的正子断层造影，施皮格尔发现，当受测者这样做的时候，他们觉知彩色的脑区活动会降低，而觉知黑色、白色和灰色的脑区则会活跃起来。

当施皮格尔把实验倒过来做，要受测者用想象力把黑白画面变成彩色时，他发现他们的脑觉知模式发生了相反变化。

这是另一个例子，可以说明脑部是思想的婢女。脑的视觉皮层（专司处理影像信息）无法区分真实映像与想象出来的映像。由此可见，心灵指令比实际的视觉映像还重要。

安慰剂效应显示，信心（哪怕是错误的信心）是一种强有力的治疗工具。安慰剂可以发挥念力的效果。当医生开安慰剂（糖药丸）给病人的时候，他算准了病人会相信那是有效药物。很多研究指出，安慰剂常常能产生如同真实药物一样的生理效果。而制药工业觉得设计药物实验无比困难，原因正在于此。在许多药物实验中，控制组的病人服用安慰剂以后不但缓解了病情，甚至还会出现真正药物才会引起的副作用。我们的身体并不会区分实际的化学过程和想象出来的化学过程。近期对 46 000 个心脏病患者所做的研究显示（他们其中的一半服用的是安慰剂），服用安慰剂的病人的受惠程度与服用真正心脏病药物的病人一样高。唯一影响存活率的变量是病人是否相信药物有效和按时服用。按照医生指示一天服三次糖药丸的病人，平均情况就像服真药的病人一样好。至于不按时服药的病人，不管他们得到的是真正药物还是安慰剂，存活率都一样差。

最能够说明安慰剂效力的是一批帕金森氏症病人。帕金森氏症是大脑未能分泌正常数量的多巴胺而引起的运动系统失调，标准治疗方式是为病人注射人工合成的多巴胺。在英属哥伦比亚大学，一支医生团队给病人注射安慰剂，却告诉他们那是多巴胺。事后用仪器扫描病人脑部，发现他们脑部自行分泌的多巴胺有显著增加。另一个成果丰硕的实验是由休斯敦美以美医院的整形外科专家布鲁斯·莫斯利所设计。他把150个有严重膝盖关节炎的病人分成3组，让一组接受膝关节镜手术（用带有管子的膝关节镜把退化组织冲走）；一组接受清创手术（用小吸管把退化组织吸走）；第三组病人则接受"假"手术：医生装得煞有介事，把病人麻醉，推进手术室，在膝盖切一道小伤口，但没有真正进行手术。

接下来2年，3组病人（他们全都不知道自己是接受了真手术还是假手术）的膝盖疼痛和功能都有一定改善。事实上，接受"假"手术的病人甚至比接受过真手术的病人表现得还要好。由此可见，获得治疗的预期心理本身就足以开动身体的自疗机制。由预期心理带来的念力可以导致生理的改变。

在一些极端的例子中，念力和预期心理的效果也会直接展现在身体上。"出红斑"现象就是一个例子。异常现象科学研究学会搜集到至少350个出现红斑的个案。所谓的出红斑，是指基督徒在宗教激情中把自己与被钉在十字架上的基督混同，手上、脚上无缘无故出现伤口或流血的情形。心理学家克里普纳在巴西异能者亚米顿身上亲眼看到过这种现象。有一次，当他们的话题转到耶稣基督的时候，亚米顿的手背、手掌和额头就开始出现红点和血滴。类似的情形也发生在一个美国黑人少女身上。复活节前3星期，她看了一部关于耶稣被钉在十字架上的电影后大受感动，整天想着基督所受的痛苦。结果，她的左手手掌一天竟流血2~6次。克里普纳也认识有3个会反复出现红斑现象的圣公会教徒。

绝症不药而愈也是一种念力的表现。有些被认为是得了不治之症的病人就是能够违反医学教科书的说法和医生的诊断，不靠现代医药工具的帮助而几乎在一夜间好转。

思维科学研究所搜集了所有经过科学鉴定的不药而愈的个案。一般都以为，这种事凤毛麟角，但只要仔细翻阅医学文献，就会知道事实并非如此。据思维科学研究所统计，每八个皮肤癌病人就有一个是不药而愈，每五个生殖器官癌症患者就有一个不药而愈。几乎所有疾病，包括糖尿病、爱迪生氏症和动脉硬化，都有不药而愈的例子。就连在被宣布重要器官衰竭的病人中，也出现过这样的例子。有一小批研究显示，即使是癌症末期病人，不靠医疗介入或只接受部分医疗介入，一样可以打败死神。

医学界称这种现象为"自动痊愈"，仿佛是疾病自己突然决定要撤退似的。其实，它们当中有很多是意念的表现，证明意念足以让身体自行矫正。许多患了重症或绝症的人俨然就像碰到了生命的大路障，往往变得焦虑不已、自我孤立、怨天尤人或绝望冷漠，甚至觉得自己不再是自己人生的主角。

很多"自动痊愈"个案里的病人都曾经发生过重大心理转折，他们重新调整生活，让自己更积极、更有目的感，病情因而逐渐好转。在这些个案中，病人都是些能够移去胸中块垒的人，愿意对自己的疾病和治疗负起全责。这反映出，有些人之所以生病，是因为他们对生活不抱希望，凡事总往坏处想。我由此明白，许多每天一闪而过的心思意念看似不重要，但加在一起却会成为我们的生命念力。

我们已经看到，意念几乎能左右任何生理过程，甚至治疗威胁生命的疾病。但我们的意念对别人的身体也有同样的威力吗？

心理学家威廉·布劳德是少数研究过这个问题的科学家之一。他找来一批志愿者，两两一组，让其中一方连接上生物反馈仪器，请另一方在仪器发出信号时发送意念。实验结果证明，这种他人代疗的效果与病人对自己进行生物反馈的效果相当。所以，别人对你的善念有时说不定就像你对自己的善念一样有力。

布劳德的另一些实验显示，当我们愈能把自己"秩序化"，就愈能影响别人，使别人变得较秩序化。例如，心境宁静的人最能用意念让神经紧张的人平静下来，而专心的人则最能帮助分心的人专心。布劳德的研究还指出，别人最需要帮助的时候，心灵发挥的影响力最为有效。

科学证据还披露出，除了人以外，我们还可以影响其他生物。丹尼尔·贝诺尔医生收集到的一批数据显示，人类意念可以深深影响许多植物、种子、单细胞生物（如细菌和酵母）、昆虫和小动物。就在近期，由塞雷娜·罗尼—杜格尔医生在萨默塞特进行了两年的一系列实验证明，由念力处理过的莴苣种子比正常的要多一成的收获，而且真菌病害明显少了一些。

这些证据让我相信，有意识地使用念力，能改善自己的健康、加强我们在各生活领域的表现，甚至影响未来。但在使用念力时，应该把目标定得高度明确，并在高度专注的意识状态下加以可视化想象。而想象未来事件时，应该想象自己已经身在其中。用上全部的五官，把每一个细节的心灵图像想象得清楚鲜明。而想象的主要核心应该是你达成目标的那一刹那。

说不定，医生只要不对病人说出消极的话，就可以增加他们的存活率。

外科医生进手术室前若先进行过心智复演，或许能大大增加手术的成功率。事实上，也许我们甚至不再需要药物，单靠善念即可治病。由于许多实验证明过意念可影响身体的化学过程，所以理应可以用意念加速或减缓任一生理过程。说不定还能透过意念的作用，开发出有效和副作用极少的药物。

光靠精细的心智复演，我们也许就能提高生活质量。在家里，透过放送意念，或许可以改善儿女的成绩，或让他们变得更懂得体贴朋友。意念很可能强大得足以影响我们生活的每一个方面。

所有这些可能性都意味着，我们应对自己的想法负起高度的责任。我们每一个都是潜在的"科学怪人"，很可能影响到身边所有生物的安危。不过，试问我们当中又有多少人在大部分时间里都拥有正面意念呢？

第十章　巫毒效应

　　心理学家迪克·布拉斯班德一直认为，既然我们有办法用放大镜把太阳光线集中起来，就会有办法把生命能量也集中起来。这个想法源自曾经是弗洛伊德得意弟子的奥地利精神病学家威廉·赖希。赖希相信宇宙有一种无所不在的能量，他称之为"生命体能量"。他相信这种能量可以用一个"积聚器"捕捉住。任何大小的密闭箱子都可以充当积聚器，重点是箱壁要用金属物质与非金属物质（如棉布或毛皮）交替包覆。赖希认为，金属物质可以吸引大气中的能量，继而又会排斥这种能量，让它被非金属材料吸收。由于箱子分成好几层，能量便能像气流般向内流淌，被"积聚"起来。赖希曾经把一些动物和植物放在积聚器里做实验，发现它们的健康情况大有改善。这让他断言，积聚而来的能量具有巨大的疗愈力量。

　　布拉斯班德对这种想法十分入迷，然后有一天又突然想到，生命能量场可能与他的同行波普所发现的生物光子不无类似之处。因此，测试积聚器效力的最佳方法，也许就是测量它会不会增加生物体放射的光子数。

　　1993 年 8 月，布拉斯班德前往波普位于凯泽斯劳滕的实验室。两人合作制造了各种样式的生命体能量积聚器，然后选择了几种波普实验室里的植物作为实验对象，包括水芹种子、水芹幼苗和大伞藻。波普的光子扩大器则测量放在积聚器内外的植物所放射的光子数，记录其差异。

布拉斯班德把大伞藻放在积聚器里，做了 4 次实验（第一次放 1 个小时，之后连续放 2 个星期），但毫无效果。波普的仪器连最细微的光子数差异都没有测到。布拉斯班德纳闷，这会不会是因为波普的植物太健康，无法变得更健康之故？两人于是决定让大伞藻先"生病"：实验前 24 个小时不供给它们大部分必需的维生素。但还是毫无效果。不管实验植物被放在积聚器里多久，健康情况始终没有一丁点变化。

布拉斯班德和波普决定试试看是不是可以用意念扩大积聚器的效果。在新一轮的实验里，布拉斯班德对积聚器发送意念，要求它让一些幼苗更健康，而让另一些受伤害。得到的结果让他大感意外：他祈求让变得更健康的幼苗没有任何改变，但祈求健康变差的幼苗所放射的光子数却明显减少。在两次实验里，负面意念都比正面意念效果更大。换言之，以伤害为目的的意念最有效果。

布拉斯班德这个小实验揭示了念力最让人困惑的一个特质：坏意念不仅像好意念一样可以影响事物，而且说不定其威力比好意念还要大。这其实不奇怪，毕竟，许多原始文化在使用念力时，都是出之以妖术、巫毒人偶和咒语的形式，而这些东西都被认为是非常有效的。

很多治疗师都把负面意念用于正面目的上。诚如多西在《小心你的祷告内容》一书中指出的，负面意念是大部分治疗方式的基础。在对付感染源和癌细胞时，我们必须利用出杀手，去破坏一些东西，例如，压抑细菌的酵素活动、改变细胞膜的可渗透性、干扰癌细胞获得营养或DNA的合成等。为了让病人好转，细菌非死不可。

包括伯尼·西格尔医生、卡尔·西蒙顿医生和澳洲精神病学家安斯利·米尔里斯在内，许多身心医学的先驱都鼓励癌症病人使用鲜明的心灵图像来自我治疗。大部分刚开始使用这个方法的病人都会想象自己身处战场，正在进行一场正邪大战，而且自己拥有比敌人（癌细胞）更强大的武器。有些病人把体内的白细胞想象成一支军队，不断捕杀癌细胞，或是想象自己像关掉水龙头一样，切断癌细胞的养分供应。当西蒙顿医生在20世纪70年代第一次把这个方法引介给病人时，食鬼小精灵是最流行的电玩，他鼓励病人想象有一个食鬼小精灵在自己体内游走，吞噬沿路碰到的癌细胞。不管使用哪一种心灵图像，重点是它要有侵略性，病人必须有消灭敌人的决心。

然而，研究负面意念效力的科学家碰到了一些难题。其中一个是找到一种人人皆不反对杀死的实验对象（贝克斯特就为此伤过脑筋）。所以，许多实验者都选择最简单的生命形式进行实验，如草履虫、真菌、种子或小型植物。

另一个要克服的问题是怎样避免"误伤无辜"：万一治疗师的念力"射偏"了，误伤到病人怎么办？加拿大治疗师奥尔加·沃雷尔就是基于这个考虑而不肯使用负面念力。她担心自己的负面念力会穿过细菌，伤到被治疗的病人。

最早对负面念力进行实验的一位科学家是国际心灵玄学研究所的琼·巴里，他用的实验植物是细菌和真菌。虽然这些低等生物毫不起眼，但巴里知道，它们在维护人体健康和战胜疾病方面扮演着重要角色。如果他能证明意念可以除去这些生物，就代表人类对自己的健康有了更大的控制权。

巴里挑选了一种称为立枯丝核菌的真菌来测试负面意念的效力。立枯丝核菌细若灯丝，是普通菇类的远亲，也是500 种作物的敌人，农民称之为"根腐"或"荚腐"，因为它会攻击作物的根和荚，阻碍作物生长，最后把整株作物吃掉。没有人会反对去控制这种田园败类。

他找来 10 个志愿者，给每人 10 个养着立枯丝核菌的培养皿。按照规定，每个志愿者必须在制定时间向其中 5 个培养皿发送负面意念，致力于减缓真菌的生长速度。在 195 个接受过负面意念的培养皿中，有 151 个（即 77%）里的立枯丝核菌平均体积要比控制组的小。

田纳西大学的科学家成功复制了巴里的实验，但他们顺道测试了远距念力的效果，志愿者从 24 千米外发送负面意念。

费城圣约瑟夫大学的超心理学系系主任卡罗尔·纳什也做过类似实验，但使用的材料是大肠杆菌。人体的肠道里住着几百万个大肠杆菌，平常它们不会闹事，只会帮助人体消化食物和排挤有害的细菌，而且还可以代谢乳糖（奶中的糖分）。然而，就像许多微生物一样，大肠杆菌有时会突然变得不友善，或是大量迁出肠道，或是突变为致病的恶性细菌。食物里也包含许多有害的大肠杆菌品种。所以，纳什选择用大肠杆菌做实验是有深意的：如果人类能够控制大肠杆菌的生长，也许就可以避免严重的大肠杆菌感染，又能改善消化状况。

纳什决定要测试心灵力量能否影响大肠杆菌的突变率。大肠杆菌一开始通常无法发酵乳糖，但繁衍过许多代和经过多次突变后，变得具备发酵乳糖的能力。这个过程通常以可预测的比率发生。纳什想看看，人类意念是否可减缓和加速这个过程。为了测出这种微小生物的生长速率，纳什使用了光电仪，这种仪器可以透过测量培养液密度的最小变化，算出大肠杆菌的数目。

参加实验的 60 个学生各拿到 9 根试管，里面包含不会发酵乳糖的大肠杆菌。他们要做的是用意念鼓励其中 3 根试管里的大肠杆菌从不具备发酵乳糖能力突变为拥有这种能力，又用意念抑制另外 3 根试管的突变发生。最后 3 根试管是控制组，志愿者不会对它们做任何事。检查实验结果时，纳什发现接受过"鼓励突变意念"的试管要比正常的突变程度更高，接受过"阻止突变意念"的试管突变程度要比正常低。不过，两相比较，负面意念的效果要比正面意念大。

纳什的实验还有一个有趣的意外收获。他事前并未规定学生要在哪里发送意念，他们可以自行决定是在实验室里还是在其他任何地方做这件事。当纳什比较从不同地方发送的意念时，发现在实验室里发送正面意念最有效果，负面意念则在实验室之外。曾经成功复制巴里实验的田纳西学者也发现，负面意念在远处发送最有效果，正面意念则在看得到对象的距离内发送最为有效。

这些早期实验透露出念力的几个重要特征。首先，念力可以相当精确地射中目标，但效果则视意念的种类而有所不同，即视那是正面意念还是负面意念。另外，发送念力的地点对效果也有影响。从近处发送正面意念和从远处发送负面意念，都可能扩大它们的效力。

要研究活人，最好的方法当然是拿活人来做实验，退而求其次的方法则是拿活人的细胞做实验。因为如果可以证明意念能影响生物体的基本构成成分，那整个生物体被意念影响的可能性便大大增加。布劳德在圣安东尼奥心灵科学基金会的同事约翰·克梅茨曾经测试过负面意念对癌症的效力。因为不敢拿活人来测试自己的理论，他最后选定子宫颈癌细胞样本作为实验对象，又找来英国知名的异能治疗师马修·曼宁帮忙。

曼宁分两种方式发送负面意念，一是触摸放着癌细胞的烧杯，二是躲到一个有电磁屏蔽的房间里，隔着一段距离发送意念。然后，克梅茨用特殊仪器测量培养液里还有多少癌细胞。通常，癌细胞因为带正电荷，会吸附在带负电荷的塑料烧杯壁上，而受伤的癌细胞则会掉到杯中的培养液里。克梅茨的仪器可以算出有多少癌细胞掉入培养液里。实验结果显示，曼宁俨然是一部杀戮机器。

气功师父公开承认他们的能量既能用于建设也能用于破坏。事实上，中国人就把发送正气的意识状态称为"静心"，把发送负气的意识状态称为"杀心"。气功数据库收录了许多在中国进行的气功实验，数据显示，气可以杀死人体内的癌细胞或老鼠身上的肿瘤、减缓大肠杆菌的生长率和抑制淀粉酵素（一种帮助消化碳水化合物的酵素）的活动。不过，有些西方科学家对这个数据库有所保留，因为同样的实验能在西方成功复制的寥寥无几。

1988年，在北京举行了第一届国际医学气功学术交流会，会上进行了实验，让一个气功师父去摧毁一株紫露草的自毁机制（少了自毁机制的紫露草会活得比平常久）。要做到这一点，气功师父必须非常精准，只能伤到紫露草的某一部分而不伤到其他部分。想要检验结果，知道气功是否会对植物的健康构成任何最细微的影响，便需要知道它在自我再生后，某些细胞是否有任何增加或减少。为此，会方使用了西伊利诺伊州大学发展出来的微核检测方法。事实证明，那位气功师父发功异常精准，只让紫露草一个特定部分受到了破坏，其他部分则是受益的。

类似实验也由台湾的阳明医学院和"国立"中国医药研究所的研究者执行过。在这个实验中，气功师父对公猪的精子细胞和人类的纤维原细胞交替发送正面和负面意念。接受过两分钟的负面意念后，这些细胞的生长率和蛋白质合成剧降了22%~53%。当气功师父反过来对细胞发送10分钟的正面意念之后，细胞的所有活动则增加了5%~28%。在另一个由西奈山医学院进行的实验中，两个气功师父压抑了肌肉的收缩过程，程度达23%。

这些实验引发了一个问题：是正面念力还是负面念力比较强大？有一些实验显示，负面念力似乎比较强大。之所以如此，大概是因为（就像布拉斯班德已经想到过的）要破坏一个健康系统比要让它更健康容易多了。当然，要修复一个完全破碎的系统就更难了。然而，不管是哪一种念力，想要发挥效力，似乎都需要当事人进入一种高度有条理的意识状态。但试问，有多少人发出负面意念时，意识状态像气功师父那么有条理呢？

虽然负面意念（如果精确瞄准的话）似乎可以干扰最基

本的生物过程，但有一个实验显示，治疗并不是非借助负面念力不可。美国生物学家格伦·赖因曾找来著名的妇产科医生与异能治疗师伦纳德·拉斯科帮忙研究抑制癌细胞最有效的方法。拉斯科一向相信，治疗师施行治疗前应先与治疗对象（哪怕是癌细胞）建立感情联系。赖因准备了五个培养皿，各装着相同数目的癌细胞，然后要求拉斯科对每一个培养皿发送不同的意念。拉斯科对第一个培养皿发送的意念是请求自然恢复秩序，让细胞的生长恢复正常。

对第二个培养皿，拉斯科采取了一种道家的内观法，想象培养皿只剩下三个癌细胞活着。对第三个培养皿，拉斯科并没有发送意念，只是恳请上帝把其大能流灌他的双手。他对第四个培养皿发送（就像戴维森的五个喇嘛那样）慈悲意念。对第五个培养皿，拉斯科发送的是摧毁性念力：想象癌细胞慢慢消失，变成了光或"虚空"。赖因给了拉斯科很大的空间自行选择影像，因为他无法确认哪一种可视化想象在消灭疗程中最有效。实验结束后，赖因测量癌细胞吸收放射性胸腺嘧啶的量（这是恶性细胞生长率的一个指标），以判别五种方法的效力。

五种方法的效力大异其趣。最有效的是请求自然恢复秩序的意念，它让癌细胞的生长减低了39%。恳请上帝并把其大能灌注双手的意念，还有道家的内观法，效果大概是第一种方法的一半：让癌细胞生长率减低了21%。至于慈悲意念和摧毁意念，完全没有起作用。在这两个情形中，问题可能在于发送意念时不够专注。

在一个后续实验中，赖因请拉斯科只使用两种方法：道家的内观法和请求自然恢复秩序。这一次，两种方法的效果一模一样，癌细胞的生长率皆减低了 20%。而最强的效果出现在两种方法合用的时候：癌细胞的生长率减低了 40%。显然，请求自然恢复秩序和想象某种结果，可以起到加强效果。接下来，赖因请拉斯科同时使用这两种方法瞄准培养液而不是对细胞本身发送意念，得到的结果也一样。

最后，赖因拿出 5 小瓶水（它们稍后会用来制作培养液），请拉斯科给它们各使用五种方法中的一种。结果，又是那些接受过"恢复正常"意念的水最有效果：用它们制作的培养液让癌细胞的生长率减低了 28%。由此显示，水是能"存储"念力的，而由它制成的培养液也可以把念力转传给癌细胞。

赖因的实验很有启发性。它显示出，最有效的治疗意念应该出自恳求的方式，再配合高度明确的想象，而不是非要具有摧毁性不可。也许，就像前面提过的，最有效的治疗方法不是摧毁病源，而是站到一旁，交托出去，听凭一种更高的智慧去恢复正常秩序。

研究负面念力的实验大多着重研究刻意的破坏意念，但我想知道，人在不自觉的情况下发出的负面意念会不会产生实际效果。假设你不喜欢某个人，这种不喜欢是否不知不觉中会影响到对方的健康？当你火冒三丈的时候，你的瞬间怒气会不会带给别人意想不到的伤害呢？

我自己就碰到过这种事。有一次，一个过分热心的女清洁工在没注意的情况下擦掉了我家浴室所有卫浴设备上的铬。她离开几小时后我才发现这件事。我气疯了，气到必须躺下来。房子是新买的，而且刚刚才完成历时 5 个月的重新装潢，花了我们许多辛苦赚来的积蓄。事后我得知，就在我大发雷霆那段时间，那个女清洁工从巴士上摔下来，摔断了腿。又有一次，网络银行漏计了一笔存款，害我开出的几张支票被退票。虽然这不是银行经理的错，但我还是气得在肚子里臭骂了她一顿。后来，我惶恐地得知，就在我臭骂她的同一时间，她在人行道上绊了一跤，摔掉了几颗门牙。

我对这两个意外心存愧疚，又深感好奇。这些不幸都是我引起的吗？我们可能用意念诅咒别人吗？每个人每天都会有许多负面意念。一个人对自己的负面意念（"我又笨又懒"），或是对子女的负面意念（"你是懒鬼""她数学很烂"），说不定都带有物理能量，会变成自我实现的预言。事实上，当你无缘无故反感某个人，或有一种怪怪的感觉时，说不定就是接收到一个朝你射来的负面意念。即便你情绪低落，一样可能带给周遭的人和生物体物理效应。

加拿大生物学家格拉德测试过负面情绪对植物生长的影

响。他种下了 4 组大麦种子（每组 18 小盆，每盆 20 颗种子），用 1% 盐度的盐水给它们浇水（这样可以减缓它们的生长速度）。4 组种子中有 3 组是实验组，给它们浇水用的水瓶经过事先处理：各交由一个不同的人握住半小时。第四组控制组的水没有经过特别处理。

实验组的 3 瓶水中，其中 1 瓶由一位热爱园艺与植物的具有特异功能的治疗师握过。另两瓶水分别由两个忧郁症病人握过。他们一男一女，男的是精神官能性忧郁症患者，女的是神经性忧郁症患者，他们都是格拉德所任职的医院的病人。那个男病人忧郁得不得了，他甚至不问那瓶水是干什么用的，只以为穿白袍的格拉德是另一个准备为他进行电击疗法的医生，要他握住那瓶水只是医疗程序的一部分。在这个过程中，他反复抱怨，说他根本不需要电击。那个女病人却不一样，当她听说瓶子与某个实验有关时，精神一下子振奋起来。半小时后，格拉德回头要取回瓶子时，竟看到女病人像抱着婴儿似的，把瓶子抱在怀里轻轻摇晃。

这个意外转折让格拉德有点伤脑筋，因为他会选她，正是看中她的负面心绪。现在她却只因为有机会参加实验而突然兴高采烈。不过，格拉德还是按照原定计划，用 3 瓶水为种子浇水。

几星期后，他高兴地发现，实验结果多多少少与他预期相符。长得最慢的是用男病人握过的水瓶浇水的种子，其次是控制组的种子（浇种子的水没给其他人拿过）。让大麦种子长得最快的是治疗师的水，其次（出人意料地）是女病人的水。这显示出，女病人即使只是一时高兴起来，仍然可以产生正面能量。

纳什做过相似实验。他请一群精神病人各握着一个密封玻璃瓶半小时（瓶里放着葡萄糖和氯化钠的溶液），之后从每个瓶子里取出六毫升溶液，倒入发酵管里。充当控制组的发酵管则倒入未经精神病人握过的溶液。然后他在全部24根发酵管里放入酵母。2小时后，纳什测量每根发酵管的二氧化碳浓度，又在接下来六星期中定期测量。最后，比较过实验组和控制组的数据后，他发现，精神病人握过的溶液会轻微抑制酵母的生长。

即使深埋的情绪也会影响我们关心的人。1996年，新墨西哥大学医学院的斯科特·沃克博士对复建期间的酒瘾患者做了一个实验。他把一群酒瘾患者随机分组，之后请他们的亲人为他们每天进行祷告，为期6个月。有半数受测者（实验组和控制组各有一些）知道自己有亲人代祷。

6个月后，沃克发现有亲人代祷的受测者酒瘾不仅没有减低，反而比其他受测者喝得更凶。照理说，最关心病患福祉的人莫过于他们自己的亲人，但亲人的代祷却显示出适得其反的效果，这是怎么回事？

沃克想到了一个有意思的解释。亲人代祷的全面性反效果所反映的，也许是他们对病患有一些复杂和不自觉的情绪。虽然在意识层面，他们希望病患早日戒酒，但他们有可能本身就是酒徒，常常与病患对饮，所以下意识希望病患继续喝酒。又也许，病患的自私酗酒行为曾给亲人带来许多伤害，以致亲人下意识希望病患早死早好。

以上的实验规模虽然不大，结果却都带有重要暗示：你的心理状态也会影响到周遭人的生活。不管我们是否有意识地送出意念，它照样能影响四周的环境。所以，当我们要给谁发送意念时，最好是先反躬自省，确定自己对对方没有复杂情绪，以免爱之适足以害之。

这些实验也显示出，我们每一片刻的意念都可能"外溢"，影响邻近范围内的无生物。我们知道，有些人天生就有能力影响电子仪器（能产生正面影响者被称为"天使"，产生负面影响着被称为"小捣蛋鬼"）。量子理论创建者之一的沃尔夫冈·保利就以拥有强力的负力场知名。每次他回到实验室，里面的机械装置就会停摆，甚至着火。

我自己也是个不折不扣的小捣蛋鬼。我的情绪极少跌落到谷底，但只要一这样，办公室所有计算机就会一起罢工。例如，有一次我的低落情绪让家里的计算机和打印机全死机了，为了打印一页东西，我不得不回公司找那里的计算机帮忙，没想到又是一部接一部死在我手里。最后只剩下一部激光打印机还能用，同事却礼貌但坚定地请我离它远一点。

已故的雅克·本维尼斯特亲眼见识过什么叫小捣蛋鬼效应。自 1991 年做过知名的"水的记忆"的实验后,本维尼斯特就知道,分子间不是以化学物质交流,而是以电磁波交流。在一个活细胞里,分子以低频的电磁波交流,而且每个分子各有专属的电磁波频率。直到 2005 年过世前,本维尼斯特一再证实,即使一个分子不在现场,但先以电磁线圈录下它独一无二的"声音"后,再播放出来,一样会引起其他分子的反应。

本文尼斯特就细胞交流做过许多实验,其中一个是干扰血浆的凝结。血浆的凝结一般由钙所致,所以只要除去血浆里的所有钙,继而补回若干分量的钙,再加入肝素(一种抗凝血剂),即可防止血浆凝结。

在实验里,本维尼斯特先把钙从血浆中除去,但他接下来却没有加入肝素,而是让血浆去听以电磁频率播放的肝素的"声音"。就像他的其他实验一样,这个实验证明,即使肝素没有加到血浆里,但靠着播出它的专属"声音",血液仍然较难凝结。

为杜绝不可知的人为因素影响到实验结果,本维尼斯特的试验全由机械臂执行。机械臂连在一个盒子形状的基台上,可以在三个向度上移动,只要几个简单步骤即能执行实验。

做过几百次相同实验后,本维尼斯特发现,只要有某位女士(另一位经验丰富的科学家)在场,实验结果就不怎么好。他怀疑这是因为该女士身体会放出某种波，阻断分子的信号。经过测试，他发现了原因，那位女士确实会放射出强力和高度协调的电磁场。为了进一步求证，他请她握着一支盛着肝素的试管 5 分钟。稍后测试那些肝素时，他发现它们的分子信号全不见了。

由于问题是电磁场所引起，所以他下一步该做的事，显然是为机械臂加上能隔绝电磁场的屏蔽。然而，一旦屏蔽到位，机械臂的运作就没有再正常过。本维尼斯特为此沉思了好几天，最后想到，环境虽然对机械臂有负面影响，但说不定也有正面影响。他打开屏蔽，请主持实验室多年的男助手站到机械臂前面，再开始实验。机械臂马上恢复正常。然而，等男助手走开和盖上屏蔽，机械臂又再次不正常了。这意味着，有些人可以抑制仪器的运作，但也有些人能加强仪器的运作。屏蔽原是为防止负面影响而设，却也隔绝了正面的影响。

本维尼斯特又想到一个主意。他让男助手把一根装着水的试管放在口袋里两小时，然后把试管放在机械臂旁边，让男助手离开房间，再盖上屏蔽。自此以后，机械臂的运作几乎百无一失。

这些有关小捣蛋鬼效应的轶事其实并不是太神奇，因为普林斯顿工程异常研究实验室已经有着堆积如山的数据可资证明。人类意念可以让随机事件发生器的输出变得较不随机。

流动的意识对高度敏感的微处理器很可能产生重要的影响。对量子过程最细微的干扰都可能带来严重影响。我自己的小捣蛋鬼效应似乎出现在我最沮丧或最生气的时候，但对某些人而言，那可能是他们思想系统的内在特质。

意念能为无生物"充满"能量，这样的观念是许多原始文化害人技术的基础。他们给巫毒人偶或布娃娃下毒咒，以此对付仇家。使用巫术的社会很多，但相关的科学研究却寥寥无几。雷丁曾测试过巫毒人偶是否可以作为正面念力的工具。他为某个病人做了一个巫毒人偶，然后让一群志愿者向人偶祷告，结果证明祷告非常有效。

如果我们可以是负面影响力的不自觉接收者，那么是否应该采取方法，加以预防呢？关于这点，许多具有特异功能者推荐心理可视化法（例如，想象自己身处一个巨大的泡泡里）来自我保护。施利茨和布劳德测试过这个主张。他们找来 300 个志愿者，两两一组，让同组的志愿者分处两个不同房间。其中一方（发送者）先用各种方法（例如，自生训练）放松或振奋自己，然后努力用意念把同样的状态传送给接收者。比对皮层电性活动读数后发现，发送者的确对接收者产生了影响：每当前者放松或振奋，后者就会放松或振奋。

之后，研究人员要求接收者想象自己看见了各种能阻挡发送者影响力的屏障：盾牌、厚水泥墙、钢闸、脉冲白光。什么样的东西都可以，只要当事人感觉够安全就行。这些策略被证明能够有效阻挡不请自来的影响力。

后来，爱丁堡大学的科学家在更严格的条件下重做了实验。他们把试验时间分为两半，在前半段，发送者努力用意念使接收者放松或振奋起来，而接收者则任由自己被影响。但在实验后半部分，研究人员要求接收者尽力阻挡影响力，方法是想象自己被一个"茧"包起来，或是采取拒不合作的心态。实验数据显示，不管接收者有没有刻意防卫自己，受影响程度都差不多。不仅如此，严格来说，他们在刻意"保护"自己的时候反而更受影响。这可能意味着普通的心灵防卫策略也许并不足以抵挡不请自来的影响力。

学习气功的人需要修习一段较长的时间，才能够在自己身体四周建立一道看不见的能量场，抵挡别人念力的攻击。所以，想要建立一面精神护盾，抵挡各种各样的恶意心念（来自上司的、恶邻居的，甚至是陌生人的），恐怕不是靠简单的心理可视化就可以做到的。

多西曾指出，对抗别人负面意念最有效的方法是念这句基督教的主祷文："……救我们脱离凶恶。"我遇到过这种主张较为世俗的版本，那是由精神病学家和治疗师约翰·戴蒙德所提出的，而他的灵感则是得自乔治·古德哈特。后者是应用人体运动学的创立人，他曾经发明了一种"肌肉测试法"，以测试不同物质对身体的影响。他请病人面向他站着，左手平举，与地面平行。然后，他伸出左手去按压病人的右臂，与此同时，要求对方尽力振臂反抗。大多数病人都有能力抵抗按压。不过，古德哈特发现，接触过太多有毒物质（如食物添加剂或过敏原）的人无法抵抗他的按压，手臂轻易就会被压倒。

戴蒙德把肌肉测试法应用于有毒害的思想。他发现，当一个人暴露在负面思想之中时，他的肌肉显示指数就会变弱。戴蒙德称自己这一套方法为"行为人体运动学"，多年来在数千人身上使用过，透过这个方法可以实时发现他们心底里潜藏着的秘密。

戴蒙德又发现，有一种思想可以克服任何负面情绪或情境。他称之为"归家之思"，因为它让他回想起自己年轻时在澳大利亚悉尼冲浪的情景：每当有大浪卷来，他和朋友就会潜到水底，以手指将身体在海床的沙子上稳住，静待大浪过去。"我们由此学会遇到有压力的情境时，应该沉潜下来，牢牢捏住自己的'磐石'，等待压力过去。"他写道。

依戴蒙德的理解，用来稳住自己的归家之思，就是一个人的终极憧憬和人生目标。他相信，每个人都有特殊才能或天赋，尽力发展自己的才能或天赋不仅会带来快乐，还可以让人与"绝对"发生连结。他也把归家之思比为帮助飞行员找到回家之路的无线电测向器。归家之思可以作为任何人的灯塔，特别是在最困难的时刻。"它能把我们稳固在我们的原有轨道上。"他有一次写道。

戴蒙德的观念还没有经过科学的审视，不过，既然有几千个病人曾经从行为人体运动学中受益，可见它的效力不容小觑。所以，当我们被最阴险的念力围困时，保护自己的最好方法也许是回忆我们的志向和憧憬，并坚定不移。

第十一章 为昨日祷告

千禧年前的除夕，以色列内科教授与院内感染专家莱昂纳德·莱博维奇进行了一个祷告效力实验，为近 4 000 位败血症病人祷告。他设计出严格的实验程序，用随机发生器把参与者随机分为两组，其中一组是控制组。病人和他们的医生都不知道谁会得到代祷，谁又没有——事实上，他们甚至不知道有实验在进行。实验组所有病人的名字被交给一个代祷者，由他祈求全组病人完全康复。莱博维奇希望比较两组的三项表现：住院时的死亡数字、住院总时数和发烧时间的长短。计算结果时，他小心翼翼，采取了一些统计学的方法，以判断任何差异的显著效应。一如预期，实验组的死亡率要低于控制组（28.1%：30.2%），但这不是个显著差异。真正重要的差异是两组病人的病情严重程度和需要接受治疗的时间。实验组的发烧时间和住院时间都比控制组短许多。

莱博维奇的研究课题（代祷的疗效）当然一点都不新鲜，但他的实验却有一个与众不同之处。那些病人都是在 1990 年或 1996 年住院，而祷告则是在 2000 年进行的，换言之，是那些病人住院时约 4 年和 10 年后。

实验结果刊登在《英国医学杂志》2001 年圣诞节专刊

上。一般来说，圣诞节专刊收录的是些博君一笑的文章，所以在莱博维奇文章的后面，紧接着就是一篇有关无赖细胞簇聚为驯鹿形状的报道。但莱博维奇并非想开玩笑，反而是希望用他能想到的最具体的方式提出一个严肃主张。莱博维奇对数学和统计学情有独钟，在撰文评估某种医疗程序时会反复使用相关技巧。他甚至相信，一种疗法的成功概率是可以用数学模型预测的。

只不过，他认为这种科学方法被另类医学所污染了。两年前，他发表过另一篇文章（也是登在《英国医学杂志》的圣诞节专刊），指责另类医学伪装成科学，就好比杜鹃雏鸟住进了苇莺的鸟巢。因为分不出杜鹃雏鸟与自己小孩的求食声，苇莺父母一律给它们喂食。杜鹃雏鸟慢慢长大，它的叫声甚至压过 8 只苇莺雏鸟的声音。苇莺父母无视巢中有个冒牌货，继续给它喂更多食物。到最后，它们自己的亲生子女反而受到伤害，甚至死亡。莱博维奇深信，另类医学无法通过科学的严格检验，所以科学家去研究它们，犹如苇莺父母照顾杜鹃雏鸟，只是在浪费宝贵的时间和资源。

言犹在耳，莱博维奇自己却做了个另类医学的科学实验，而且实验报告几乎是在 2 年后的同一天登在《英国医学杂志》。那他不是在浪费自己的宝贵时间吗？其实不然，他的大部分同行都误解了他的用心。

事实上，他进行那个祷告实验，只是要说明，祷告这么主观的事情无法以科学方法解释。问题是，几乎每个人都只看实验的表面。数十个怀疑者嘲笑他的实验。某人在写给他的信中说，如果有能力让时间之箭反过来飞，那我们岂不是有办法回到过去，狙止希特勒屠杀犹太人？

不过，也有些对心灵研究感兴趣的科学家站出来指出，祷告是可以在时间的任何一点上发挥效力的。例如，针对非局域性意识和医治写过许多文章的多西就认为，莱博维奇把"我们对时间、空间、祷告、意识和因果的成见"头下脚上倒了过来。也有不少评论者指出，莱博维奇的实验设计非常缜密，例如，他只使用一位祷告者一次为所有病人祷告，所以不会犯上述许多祷告实验的错误。对所有批评，莱博维奇在《英国医学杂志》的"读者来函"上发表文章加以反驳：

> 该文章的目的是回答以下问题：我们能否相信某种看似方法正确但测试事项却完全违反常理的实验？比方说，我们有需要去测试蒸馏过的水是否可以治疗哮喘吗？

莱博维奇指出，他的实验结果不可能是有效的，而理由无他：祷告可以影响过去这种事不可能是真的。那只是统计方法的滥用。他又说：

　　该实验与宗教无关。我相信祷告能给信徒带来安慰和帮助，但不相信它的效力可以通过实验得到测试。

他的真正目的是：

　　否定经验方法可以应用于测试不在物理世界科学模型之内的问题。用更专业的行话来说就是，如果一件事情的可能性无限小，那么任何实验结果都无法增加它的可能性，所以这种实验不应该进行。

　　莱博维奇的原意是用科学证明另类科学的荒谬，到头来却让许多人相信，今日的祷告可以影响昨日的事件。莱博维奇对这样的结果深感懊恼，拒绝再进一步讨论他的实验。他倾尽全力维护医学的理性和逻辑性，但说不定，他日后最为人记得的是他的祷告实验，因为它等于证明了，我们是可以回到过去并改变过去的。

　　一个有关念力的最基本假设是它的运作是根据某种普遍被接受的因果逻辑：因先于果。如果是 A 导致 B，那一定是 A 发生在前，B 发生在后。这个假设反映的是一个更深的信念：时间是单向的，总是向前推进。日常生活的每一个时刻都在加强这个假设：我们点了一杯咖啡，然后侍者会把咖啡送来；我们在亚马逊网络书店买了一本书，然后书才会寄来。事实上，"时间总是向前进"这个假设最具体的证据就是我们自己：生、老、病、死是不可逆的人生过程。基于这个理由，我们相信念力的效果总是发生在念力发送之后，从不会认为今天所做的事可以影响昨天。

然而，有可观的科学证据显示，念力违反了基本的因果假设。有一些研究清楚地显示，果是可以先于因的。莱博维奇实验的独特之处在于，它是唯一一个研究祷告的"逆向"效力的实验。但在许多前卫科学家的实验室里，逆向现象乃是家常便饭。事实上，在一些实验中，逆向的念力比顺向的念力更具威力。

莱博维奇的实验提出了一个最具挑战性的观念：思想可以影响事物，不管这个思想是何时发出的；尤有甚者，当这个思想不是按照传统的时间顺序发出时，说不定效力会更大。

普林斯顿工程异常研究实验室的雅恩和邓恩在他们的实验中就看到过这种事例。在87 000多次的实验中，受测者被要求用意念去影响随机事件发生器的画面（让"甲画面"或"乙画面"出现次数多一点），但不是在事前影响，而是在机器已经显像之后的三天到两个星期影响。整体来说，这个"逆时间"实验的结果比标准实验的结果还要成功（译者注："标准实验"是指让参与者"事前"影响机器的输出，请参考本书的《引言》部分）。不过，雅恩和邓恩认为这种差异没有太大意义，因为相对于标准实验的进行次数，逆时间实验次数显得微不足道，缺乏可比性。只是，看到意念"向前"和"向后"都作用得一样好，仍然让雅恩认识到，我们应该摒弃对时间的传统理解。事实上，逆时间实验的效应会更大，这意味着当思想超越一般的时空传送时，其效力会更大。

"逆向因果性"曾被一些科学家详细研究过，他们包括了阿姆斯特丹大学的物理学家迪克·比尔曼和约普·霍特库普，以及已故的赫尔姆特·施密特。后者是洛克希德马丁公司的物理学家，他设计了一个精巧的实验，以测试人的意念是不是可以影响机器已有的输出。他把他的随机事件发生器连接到一部音响上，让音响随机向耳机的左耳罩或右耳罩发出一声滴答声。音响发出的滴答声不会有任何人听见（包括施密特自己），但会被自动录音下来。然后他把带子拷贝许多份（在这个过程中也是无人会听见），把母带锁在安全处。第二天他让医学系学生一面听拷贝带，一面努力用意念影响带子，让滴答声多出现在左耳罩。斯密特另外还准备了其他拷贝带，充当控制组（照理说它们出现"左"滴答声和"右"滴答声的次数应该大致平均）。

实验结束后，施密特用计算机分析母带和拷贝带，看看它们有没有偏离典型的随机模式。在1971~1975年间，斯密特共进行过2万次测试。他得到效应显著的结果：不管是在母带还是拷贝带，左耳罩出现滴答声的次数平均要高于右耳罩 55%。两组带子的结果一致。

施密特认为他明白这种不可思议的结果产生的机制：学生并非能够改变录音后的带子，他们的影响力是透过"回到过去"而在录音的当时影响录音的结果。他们引发影响仿佛他们当时就站在录音现场。他们不是从现在影响过去，而是从过去还没展开以前就影响过去。

接下来 20 年，施密特不断改进他的实验设计，后来参与实验的，还包括学过心灵控制的武术学生。在一个实验中，他使用放射性衰变计数器产生出一些随机数字，然后让学生坐在屏幕前面，努力用意念影响数字做出某种特定的统计学分布。再一次，他获得了显著的结果，而其出现巧合的概率是 1‰。不知怎么地，这些学生的意念就是可以"回到过去"，在第一现场影响事情的发生。

逆向意念也可以对生物发生作用。德国弗赖堡心理学与心理卫生边缘科学研究所的超心理学家埃尔马·格吕贝尔曾经做过一系列匠心独运的实验，以断定动物和人类是否可以在"事后"被影响。他的第一个实验是让沙鼠跑轮子和在一个大笼子里跑来跑去。轮子上有一个计算器，可以算出轮子的转动圈数，笼子里有一根光束，沙鼠每经过一次，就会被记录下来。他又让一群志愿者在一个区域走来走去，用光子束记录下他们行经一个地点的次数。

稍后，格吕贝尔把得到的数据转换为滴答声，录下来，拷贝许多份，母带则锁好放在安全处。在 1~6 天后，他让志愿者聆听拷贝带，请他们尽力用意念加快沙鼠的速度和增加人们走过光子束的次数。实验是否成功，要看滴答声出现的次数是否比正常的多。即使不对动物或人类进行远距离影响实验，格吕贝尔依然完成了所有过程的录音。结果，在这 6 回合的实验中，有 4 回合获得显著效果，其中 3 回合的效应值还大于 0.44。

所谓的效应值，是让科学家断定效果大小的统计数字，透过比较一些变量得出，通常是比较两个群体的表现。数字低于 0.3 被认为是低度效应值，介于 0.3~0.6 是中度效应值，大于 0.6 便是高度效应值。以现代预防心脏病最有效的药物阿司匹林为例，其效应值只有 0.032，换言之，比格吕贝尔得到的效应值小 10 倍以上。在沙鼠跑轮子的实验中，效应值更是高至 0.7。如果这个数字表示的是某种药物的效应值，那格吕贝尔等于发明了有史以来最有效的药物。

格吕贝尔后来又做了 6 个更吸引人的实验。一个是用光子束记录在维也纳某个市场走过一个定点的人次，一个是记录汽车在繁忙时间通过多条隧道的次数。这些数据事后也会被转换为滴答声录下来。1~2 个月后，格吕贝尔让志愿者去听拷贝带，并请他们试着用意念影响行人和汽车的速度。这一次，他在志愿者中加入了一些具有特异能力的人。再一次，他得到相当显著的实验结果：在其中两次实验中，效应值达

0.52 和 0.74，相当高。

如果意念可以逆向影响行动，那也有可能在疾病发生后，逆时间预防疾病的发生吗？荷兰的奇龙基金会设计了一个巧妙的实验，以测试这种看似不可能的可能性。研究者把一大群老鼠随机分为两组，让其中一组受到寄生虫感染。在实验完成以前，研究者本身并不知道哪只老鼠受到感染、哪只没有。然后，受感染的老鼠的照片被交给念力治疗师，由他进行治疗，阻止寄生虫繁衍。研究者则间隔一定的时间测量老鼠的血液细胞。实验进行了3次，每一次都使用大群老鼠。其中两次得到中度效应值 0.47。

心理学家布劳德问过一个最有震撼性的问题：人有可能"改编"自己对某件事情的情绪反应吗？为了回答这个问题，他用标准测谎机记录志愿者的皮层电性活动，然后请志愿者检视自己的记录，再设法去影响结果，换言之，是影响自己早前的交感神经系统状态。另一组受测者充当控制组。整体来说，他发现被志愿组加以影响过的记录要比较"平静"，实验呈现出低度但显著的效应值 0.37，那或许是人类改写情绪史的第一个证据。施密特对呼吸率做过相似实验，也证明了人可以逆时间影响自己的生理状态。

雷丁做的皮层电性活动与布劳德的相似，但另加入一个元素：远距影响力。2个月后，他录下志愿者的皮层电性活动，把拷贝带寄给一些住在巴西的治疗师，请他们用意念影响志愿者的反应，让他们"安静"下来。21 次实验后，雷丁得到的效应值与布劳德相似，效应值为 0.47。

雷丁还测试过未来事件在某些情况下是否可以影响到更早前的神经系统反应。他巧妙地利用了一种称为"斯特鲁普效应"的有趣心理学现象。这个效应得名于心理学家约翰·里德利·斯特鲁普，他曾经开发出一种在认知心理学领域具有里程碑意义的测试。在测试中，他要求受测者尽快念出一系列颜色的名称（如"绿"），但这些名称各以不同的颜色写成，颜色名称与文字颜色有时相符，有时不相符。斯特鲁普发现，每逢念到与文字颜色不相符的颜色名称（如红色的"绿"字）时，受测者的反应就会比较慢。

心理学家相信，会有这种现象，是因为大脑处理映像（颜色本身）与处理文字（颜色名称）所需的时间不同。

瑞典心理学家霍尔格·克林特曼以斯特鲁普效应为基础，发展出略有不同的测试。他要求受测者尽快认出一个长方形的颜色，然后再给他们一种颜色的名称，问他们这个名称是否与刚刚看到的颜色相符。克林特曼发现，如果长方形的颜色与后来给予的颜色名称相符，受测者辨认出该颜色的时间会比较快。辨认长方形颜色的时间长短，看来取决于受测者的第二个任务，也就是判断颜色本色是否与颜色名称相符。克林特曼称这种效应为"反时间干涉"，换言之，第二个刺激会影响脑部对第一个刺激的反应。

雷丁把克林特曼的实验加以现代化。他让受测者坐在计算机屏幕前面，要他们尽快认出一个长方形的颜色，一认出就键下该颜色名称的首字母。接下来，屏幕会出现一种颜色的名称，这时，受测者必须判断这个颜色名称是否与长方形的颜色相符，相符的话按 Y 键（表示 YES），不相符的话按 N 键（表示 NO）。雷丁有时会改变实验第二部分的设计，要求受测者键下颜色名称实际底色的首字母。例如，如果屏幕显现的文字是"绿色"，而其底色为"蓝色"，受测者就需要按 B（蓝色的首字母）。

雷丁进行了 4 回合超过 5 000 次的测试，全都显示出逆时间因果效应。其中 2 回合的实验具有显著的关联性，一次仅具边际效应意义。不知怎么地，执行第二个任务的时间会影响到执行第一个任务的时间。雷丁认为，这足以证明，神经系统受到逆时间的影响。这一点意义重大，因为它意味着，我们脑子在想什么，会影响到先前的反应时间。

检视一种效应整体效力的科学方法，是把全部实验数据放在一起，加以所谓的后设分析。以这种方式分析，19 个有关逆向念力的实验显示了异乎寻常的集体效果。据布劳德计算，它们的整体效应值是 0.32。虽然这只是个低度效应值，却比最有效的降血压药恩特来锭的效应值高 10 倍。

阿姆斯特丹大学的比尔曼在 1996 年做过一个不同类型的研究。在统计学上，判断一种效应的最好方法是看它偏离平均值多少,而最常用的技术是"卡方分配",它可以让任何出于巧合而产生的偏离(不管是正偏离还是负偏离)清晰地浮现出来。以这种方法,比尔曼发现,若个别地看,各个逆向念力实验的差异极大;但若集体来看,其结果出于巧合的概率是六千三百亿分之一。

如果既有的实验证据能证明逆向因果性存在,那么其中一个解释就是,意念有能力回到从前发生事件的时刻,影响已经发生过的事件、情绪反应和生理反应。当然,要接受人可以回到过去和操纵过去的想法,最大的困难在于,只要我们的心灵一思考这样的观念,就马上会碰到逻辑上的死结。正如英国哲学家马克斯·布莱克在1956年论证的:如果是A引起B但A却出现在B之后,就代表B总是排除A,所以,A不可能引起B。

电影《终结者》显然忽略了这个难题。如果施瓦辛格饰演的电子人可以回到过去杀死萨拉·康纳,后者就无法生下未来的反抗军领袖约翰·康纳,日后也就不会有一场人与机器的战争。这样,魔鬼终结者便没有必要回到过去,甚至没有必要被创造出来了。

英国哲学家戴维·威金斯也构思过类似情节,以说明"时间机器"观念内含的逻辑难题。假设有个年轻人的外公是一个残忍的法西斯狂人,为了不让外公得势,他决定回到过去,把外公杀死。问题是,如果他成功,他妈妈就无从诞生，而他自己当然也就不存在。

然而，物理学家现在却不再认为逆向因果性与宇宙法则不能共容。科学文献中有超过 100 篇论文，主张时间的逆向性可以透过某种物理法则加以解释。一些科学家相信，"标量波"（零点能量场里的一种次波）可以让人改动时间与空间。这种由次原子粒子与零点能量场互动产生的次能量场以快于光速的速度前进，在时空中以涟漪状扩散开去。"标量场"具有惊人的能量：在这种环境中，一束激光所产生的一单位能量就大于世界所有发电厂发电量的总和。

某些科技（如量子光学）曾利用激光脉冲去挤压零点能量场，产生出负能量。物理学界普遍接受这种又称"异物质"的负能量能扭曲时空。许多理论家都相信，负能量可以让我们进行穿越"虫洞"的旅行，以曲速飞行，建造时间机器，甚至让人飘浮在空中。

另外，当电子紧密挤在一起，零点能量场不断产生的虚拟粒子的飞溅密度就会增加。这种飞溅密度会被组织为向两个方向流动的电磁波，而说不定，靠着这种电磁波，人类可以在时间中"来回往返"。

物理学家埃文·哈尔斯·沃克率先提出，如果把观察者效应考虑进来，那量子物理学就解释得了逆向因果性。他与已故的加处福尼亚州立大学物理学家亨利·斯塔普都相信，只要微微变动量子理论，把它改变为"非线性系统"，就可以解释一切逆向因果现象。在任何线性系统中，一个系统的行为都可以描述为 2+2=4，换言之，该系统的行为乃是各部分的总和。但在非线性系统中，2+2 却有可能等于 5，甚至等于 8。换言之，在这样的系统里，系统的行为大于各部分的总和——但大多少则是无法预测的。

根据沃克和斯塔普的观点，只要把量子理论转变为非线性系统，那它的等式就可以多收纳进一个元素：人类意识。在施密特的武术学生实验中，计数器显示的数字原本停留在它们的"潜态"中，直到学生介入观察、以意念影响数字为止。就这点而言，学生的心灵意志与计数器上的数字以量子的方式产生互动。斯塔普认为，物理宇宙不是固定的，而是以一些"趋势"的方式存在，而这些趋势又与心灵事件有着"统计学上的关联性"。即便是已经录上一些滴答声的录音带，滴答声的分布仍然有着一些不同的可能性，要等有人听过录音带，这些可能性才会"垮陷"为单一状态。所以，无论何时，真实世界都是由人类意志——我们的意念——所创造。

对逆向因果性的另一种可能的解释是，时间只是一种向外扩散开去的一片巨大的现在，所以，理论上我们在任一时刻都可取得宇宙的所有信息。布劳德就曾猜想，所谓的预知能力，只是未来事件以某种方式回到现在对心灵所发生的影响。这等于是一种逆时间因果性。所以，预知能力说不定是逆向影响力的见证，而未来的一切决定总会影响着过去。

最后还有一种可能的解释，那就是在我们存在的最基本层次，并没有连续时间这回事。量子层次的纯粹能量并无所谓的时间与空间，只存在于能量释出的巨大连续摆动中。在某个意义下，时间与空间是我们自己创造的。当我们透过感官知觉活动把能量带给意识知觉，就创造出在空间里互相分离的物体。而透过创造时间与空间，我们也创造了自己的分离性，乃至于个人时间。

依比尔曼之见，逆向因果性反映出现在邻接于未来的各种可能状态，反映出非局域性不仅发生在空间的向度，也发生在时间的向度。在某个意义下，我们的未来行动、抉择与可能性，全都有助于规定现在的展开方向。根据这种观点，我们现在的行动和抉择不断会受到我们未来自我的左右。

这个解释得到韦德拉尔及其同事查斯拉夫·布吕克内一个简单思想实验的佐证。布吕克内是塞尔维亚人，内战爆发后设法离开了南斯拉夫，他也像韦德拉尔一样，在蔡林格的维也纳实验室待过一段时间。

布吕克内是到伦敦帝国学院担任一年客座研究员期间认识维德拉尔的。那时，他开始思考量子计算机运算的可能性，如果能够制造出这种计算机，它的运算速度将比传统的计算机运算方式快上几十亿倍，半小时内就可以搜遍网络的任何一个角落。布吕克内怀疑，量子运算的可能性也许可以从"贝尔不等式"中找到一些根据——贝尔在他的著名实验室里曾经证明，两个次原子粒子即使相隔极遥远，仍然能够互相影响，换言之，会"违反"牛顿所认为的两个事物隔着空间便无法直接互动的理念。

布吕克内想知道，同一个测试能否用于显示光子可以违反时间的局限性。为此，布吕克内找韦德拉尔一起设计了一个意念实验。他们的实验奠基于一个科学界公认的前提：在粒子的转动中，在一个点得到的测量完全与较早前或较晚的测量无关。在这个情况中，"贝尔不等式"的"不等"是指两个不同时间得到的两个不同测量值。

他们的意念实验用不着两个粒子，所以他们就不管"鲍勃"，只管那个叫"艾丽斯"的光子。他们要致力的是计算出艾丽斯在两个不同时间点的极化。如果量子波可以比作一条蜿蜒扭动的跳绳，绳索另一头指向的方向就叫极化。在计算的过程中，布吕克内和韦德拉尔应用了他们称为"希尔伯特"的空间概念。

他们首先计算出艾丽斯的"极化"，稍后一会儿再去测量。等计算出艾丽斯的目前位置后，再回过来测量它的早前位置。他们发现，在这两个时间点之间，"贝尔不等式"确实是被违反了：才不过一秒钟左右的时间，他们对第一个"极化"得到的测量值就变得不一样了。之后测量艾丽斯的行为本身就影响，甚至改变了它早前的"极化"。

科学界并没有看不出这个惊人发现的意义。《新科学家》

周刊把这个发现作为封面专题，名为《量子纠缠：未来如何能影响过去》，并有以下的结论：

> 量子力学看来扭弯了因果的法则……时间中的纠缠现象让时间与空间两者在量子理论里有了平等的立足点……布吕克内的实验结果显示，我们对世界如何运作的既有理解也许存在着重大漏洞。

在我看来，布吕克内的意念实验有一个比纯理论重要得多的含义。它显示出，因与果同时的现象不只会发生在空间的向度，还会发生在时间的向度。它第一个提供数学证据，证明显示我们每一刻的行动，都可能影响和改变我们过去的行动。甚至，我们当下的每一个所思所行，都可能改变我们的整个历史。

更重要的是，他的实验显示出，观察者在创造乃至改变真实世界上扮演着核心角色。观察行为本身即足以影响光子的"极化"状态。在一个时间点测量一个粒子，这个行为本身即可改变它早前的状态。这可能意味着，我们的每个观察都会改变物理宇宙的一些早前状态。如此，则一个刻意影响现在的意念，亦可能影响过去，影响通向当下的每一瞬间。

这种逆向影响方类似我们在量子世界所看到的非局域性对应，就像是在某种底层结构，一切总是与一切连结在一起。有可能，我们的未来是以某种模糊的形式存在着，只等着我们在目前将它现实化。这不是痴人说梦，因为次原子粒子在被观察到或思考到以前，就是以充满各种可能性的状态存在着。因此，如果意识能在量子的层次运作，自然有能力凌驾于时间和空间，而我们理论上也能够取得"过去"和"未来"的信息。如果人类有能力影响量子事件，也理当有能力影响除"现在"以外的事件或时刻。

为理解逆向念力的机制，雷丁曾经用随机事件发生器做过一个研究。他首先进行了 5 回合影响随机事件发生器输出的测试（总次数有几千次），然后用一种称为"马可夫链"的程序来分析数据，以了解随机事件发生器输出的变化模式。为了进行这个计算，他应用了 3 种不同的念力模型：第一个是顺向的因果模型，假设心灵是往一个方向"推动"机器；第二个是预知模型，假设心灵是先直接看到其未来的输出，然后将信息带回现在，再于精确时刻击中它的输出；第三个是逆向因果模型，假设心灵先设定好未来的结果，再让这个结果"回过头"影响因果链条。

雷丁用这种方式分析实验数据，得出一个无可逃避的结论：念力作用不是一个向前进的过程，不是意念企图击中某个目标的过程，它更像是"信息"在时间中往回流。

但在硬邦邦的现实世界里，意念可以影响过去到何种程度呢？布劳德花了很长一段时间思考这个问题。他有一次指出，过去能被改变的时刻也许是一些"种子"时刻，那些时候事件还处于萌芽状态，还未成长茁壮至不能发生改变。这些时刻就像是还没有长大的树苗，树干还没有硬化，树枝还没有太粗；或像小孩的脑子，因为处于未完全定型状态而有更大的可塑造性；又像刚感染的病毒，因为数量不多而更容易被消灭。随机事件、具有许多选择性的决定，乃至疾病，也许都是我们生命中最有可能被施以逆向影响的事件。布劳德把它们称为"开放"或可塑的系统，换言之，是最有可能为逆时间意念所影响的系统。

这些系统包括三物体的许多随机运作机制：正因为它们是随机的，所以会像普林斯顿工程异常研究实验室里的随机事件发生器一样，容易受细微能量的影响。

在布劳德最早期的研究中，曾经发现远距念力在目标物最需要它的时候最为有效。所以，需要程度的强烈性也许是我们能够把时间之山向后移的一个前提。

对于念为可以影响过去到何种程度的问题，施密特的嘀嗒声实验也带给我们一些线索：志愿者若想影响录音带里的嘀嗒声，就必须是第一个听过它们的人。如果有别人先听过录音带，而且是专心倾听，后面的人就很难再施加影响。一些实验甚至显示，只要有任何人或动物介入过，逆时间的影响力就很难发生。

比尔曼做过一个实验。他用放射源激发一个量子事件，让它在晚一秒的时间后由蜂鸣器接收到，再由最后的观察者听见。在半数测试中，有另一个之前的观察者会比最后的观察者先接收到量子事件发出的信息。

在这些事例中，比尔曼发现，每逢有前观察者介入，他就会造成量子事件重叠状态的"垮陷"，否则，其他都是由最后的观察者导致的。

如果说意识是导致"垮陷"的关键元素，那人类（以及他们能够把"真实的状态"化为有限状态的能力）就得为时间只会向前走的观念负全责。如果我们未来的某个决定可以影响现在的"垮陷"，那么，未来和现在说不定从来就是连接在一起的。

这与量子理论对观察者效应的理解一致：第一次观察会让量子粒子"散屑"，让它从充满各种可能的纯粹状态"垮陷"为单一状态。这也就意味着，如果没有人曾经见过希特勒，我们也许就可以使用念力，阻止大屠杀的发生。

虽然我们对跨时间影响力的机制所知无几，但证明这种影响力存在的实验证据仍然很多。有证据显示，生命是从此时此刻向外漫漶的巨大一片，它有很大部分（包括过去、现在和未来）容许我们在任何时刻施加影响。

但这幅图画也暗含着一个最让人困惑的观念：意念一旦点燃，就会永远亮着。

第十二章　念力实验

第一次看到大伞藻的人都会忘记呼吸。这种常见于地中海和加勒比海的藻类外形梦幻，也因此赢得许多充满诗情画意的外号，如"美人鱼酒杯"和"宽边帽"等。这两个外号都恰如其分，因为它细细的茎柄所顶着的华盖就像顶宽边帽，而整体来看，它也像是准备好要盛海底鸡尾酒的酒杯。

有七十多年时间，生物学家对这种小植物神秘不已——但不只是被它的外形迷倒，也被它的存在这个事实迷倒。大伞藻可以说是大自然的一个另类，它最长可到五厘米，然而却是一个单细胞生物。因为这个原因，它的生物行为具有高度可预测性。它的细胞核总是位于假根（茎的底部），而且只有在整棵植物长到最高时才会分裂。这种简单结构帮助生物学家解开了生物学最大的一个谜团：驱动植物繁殖的是哪个部分？ 20世纪30年代，德国科学家约阿希姆·哈默林选中大伞藻作为他理想的"生物学工具"，以了解细胞核在植物基因学中所扮演的角色。

这种单细胞生物的简单性不但可以披露细胞的秘密，还泄露出植物生命的建筑蓝图。凭着这个大得足以让肉眼看见的单细胞，生物学家可以舒舒服服地坐着考察生命的奥秘。

大伞藻也是我第一个念力实验的理想对象。与我一起执行实验的波普相信，如果想要实现我的实验计划，就应该从底层开始。所以，我计划在伦敦找一小群志愿者，请他们用意念影响养在波普实验室（位于德国）的大伞藻。用大伞藻做实验就好比用只有一个零件的汽车做实验，让我们不用考虑一般生物体会有的许多变量。

例如，与大伞藻相比，人体就像是一间覆盖大半个美国的工厂，平均由 50 兆个细胞构成，每一秒钟发生 2 410 个化学变化。即便只是比较身体某两个部分的生长率，也仍然几乎不可能控制每一个变量。食物、水、基因、情绪，甚至温度突然下降，全都足以影响生长率的变化。

波普主张，我们第一回合的实验应该致力于影响大伞藻的光子放射量（其细微程度比细胞生长率大无限倍）。如果是多细胞生物，则每个细胞的光子放射量将受到一箩筐变量的影响，包括生物体本身的健康、天气，甚至太阳活动等。每一个细胞的光子放射量都可能不同。

大伞藻则不同。因为它的光子只能从身上唯一一个细胞核放射，所以摆动幅度必然非常小。摆动只要稍微增加或减少，即可以相当程度地肯定，那是受到来自我们的远距念力所影响。只有仰赖这么简单的生命系统，才可以毫无争议地证明变化是出于念力的影响，而不是出于其他几十种可能性。

一般来说，如果生命体放射的光子数量增加，就代表它受到了压力；反之，则代表它的健康状况获得了改善。如果我对大伞藻发送一个改善它健康的意念，而它放出的光子数又降低，那就表示有效；反之，如果它放射的光子数增加，则表示我们不知怎么伤害了它。波普有一批非常敏感的光子扩大器，能侦测到每平方厘米中只有 10~17 瓦的可见光（这个光度类似从几千米外看到的烛光）。靠着这种超敏感的仪器，我们就可以侦测到非常细微的光度，甚至只是一个光子发出的光，从而断定人类念力的有效程度。

波普的谨慎自有理由。他提出生物体会放射光子以来，受到了激烈的批评，经过了 30 年才最终得到物理学界的肯定。之后，他找到一些志同道合的科学家（分布在世界各个知名研究中心），共同研究生物的光放射现象。参与我们的实验，说不定会让他辛苦建立的名声毁于一旦，因为我要求他帮的忙，不啻要求一个世界知名物理学家去测试一个违反基本物理学法则的假设。

一些实验显示，真有"群体"意识这回事。普林斯顿工程异常研究实验室的雅恩和邓恩曾在他们的实验中发现，如果是两个认识的异性，他们对随机事件发生器发挥的影响力要比单个人大上约 3.5 倍；两个关系紧密的人可以让随机事件发生器比平常要"有秩序"6 倍；有些夫妻甚至可以产生显著而固定的效应，这是他们单独接受实验时所无法做到的。

　　另外也有证据显示，当一群人全都聚精会神时，一样会对随机事件发生器的输出产生重大影响。普林斯顿工程异常研究实验室的主要协同研究员尼尔森曾与雷丁合作，发展出一种可以持续运作的"田野随机事件发生器"，把它们放在一些能让人高度专注的公共场合（如宗教聚会、华格纳音乐节、戏剧表演，甚至奥斯卡颁奖典礼），看看田野随机事件发生器会有什么反应。结果发现，在大多数情况中，田野随机事件发生器的输出都出现偏离随机常态的现象。

　　尼尔森甚至想知道有没有"全球"意识这回事。1997年，他在世界各地安装了多部随机事件发生器，让它们持续运作，再把结果与一些全球性大事发生的时间进行对比。为了实施这个后来被称为"全球意识计划"的方案，尼尔森建造了一个中央计算机系统，让分处世界各处的50部随机事件发生器把数据通过网络源源不断输入中央系统。他和他的同事（包括雷丁）定期对比那些数据和重大事件，看看两者有没有统计学上的关联性。

　　到2006年，被他们对比过的头条新闻已达205件（包括戴安娜王妃之死、千禧年来临、小肯尼迪之死和克林顿弹劾案）。不过，尼尔森分析资料才分析了4年，一种模式便浮现在他眼前：当人们为某个重大事件欢庆或哀伤时，随机事件发生器的输出就会变得较不随机；另外，人们的情绪

（特别是恐惧情绪）愈强烈，随机事件发生器就愈有条理。

　　这个趋势在9·11恐怖袭击期间最为显著。在世贸大楼被摧毁之后，尼尔森、雷丁和好几位同事研究了从37部随机事件发生器中涌入的数据。分析工作由4个人分别进行，他们分别是雷丁、尼尔森、边界研究中心的计算机科学家理查德·舒普和墨西哥大学的心理系学生布赖恩·J.威廉斯。4人的分析一致认为，在9·11当天，随机事件发生器的反应是前所未有的。首先，它们偏离随机模式的程度要大于2001年的任何一天；另外，所有随机事件发生器输出模式的相似程度要大于"全球意识计划"展开以来的任何一天。这些随机事件发生器反映出，全世界的人在9·11当天都感受到一种集体的惊恐。尼尔森和另外3位使用了各种各样的统计工具，包括"卡方分配"，因此任何偏离偶然的情况全都无所遁形。四位分析者都同意，在架构9·11事件的每一个重要时刻（如第一架小飞机撞上世贸大楼不久），随机事件发生器都会出现巨大的条理性，而那正是人们最感到惊恐和难以置信的时刻。由于随机事件发生器被设计得不怕电磁干扰，所以尼尔森不必考虑这个现象到底是天然电磁场还是移动电话使用量大增所引起。

　　另外，虽然随机事件发生器的运作在9·11前几天并无异常，但在第一架小飞机撞上世贸大楼之前几小时，它们的输出模式却愈来愈相似，仿佛有什么大祸正在逼近。同样的输出情况在攻击后持续了2天。威廉斯认为，这是全世界60亿心灵准备好要接受冲击的潜意识反应。换言之，世界在第一架飞机撞上世贸大楼的几小时前就感受到一种集体战栗，而每一部随机事件发生器都听到了这种战栗，并尽忠职守地将之记录了下来。

虽然不是每位分析者都同意这些结论，但权威物理学期刊《物理学基础快报》经过审核后，还是愿意把实验结果的摘要刊登出来。

尼尔森又进而研究了其他发生在9·11余波中的事件，包括伊拉克战争的爆发。他比较了随机事件发生器的输出和小布什总统民众支持度的变化，想看看"全球"意识与美国总统得到的满意度是否有任何关联，以及看看随机事件发生器反应最强烈的时候，到底是在人们最有共同感受的时候（如9·11事件爆发之后），还是民意最两极化的时候（如美国入侵伊拉克和推翻萨达姆政权之后）。检视过1998年到2004年间556次不同的民意调查之后，尼尔森的同事彼得·邦塞尔发现，每逢出现重大民意转变（不管是对布什总统有利或不利），随机事件发生器的输出便极有条理。看来，强烈的情绪（不管是正面还是负面情绪）都可以带来更大的秩序化。

田野随机事件发生器的调查结果和"全球意识计划"，为我们理解群体念力提供了一些重要线索。首先，群体心灵看来可以影响任何随机微物理过程，由群体发出的能量似乎有感染性。其次，如果一群人心念一致，效力会比单个人的心念更大。最后，强烈情绪或高度专注显然也是念力发挥效果的关键要素，而最能引起强烈情绪或高度专注的，当然莫过于灾难性事件。

但来自"全球意识计划"的数据有一个很大的限制：不管尼尔森对全球心灵的"温度"测量得有多精确，仍然只能反映出群体的专注程度。但如果一群人不只是对某件事情聚精会神，甚至还试着去影响它，会有什么后果？这时候，敏感的物理仪器感应到的，会不会是更强烈的信号？

迄今为止，只有超觉静坐组织对群体念力进行过系统性研究。"超觉静坐"是马赫西大师在20世纪60年代引入西方的一种静坐技巧。过去几十年来，超觉静坐组织做过500多个群体静坐实验（有涉及念力的，也有不涉及的），以测试超觉静坐是否可以减少冲突和苦难。

马赫西大师相信，固定修习超觉静坐，可以让人接触把万物连接在一起的量子能量场。他声称，如果静坐者人数够多，就足以产生"超辐射"——这个名词在物理学上指的是激光的协调性。静坐者的心灵会以同一频率共鸣，而共鸣的频率能让四周环境的杂乱频率趋于和谐。换言之，通过调和个人的内在冲突也可以调和全球性冲突。

超觉静坐实验声称证明了两类静坐的效应。第一种是未经引导的，纯粹是一定比例人口从事静坐的结果。另一类是来自蓄意的意念，它需要经验与聚焦：水平高的静坐者会瞄准一个地区，在他们的静坐中发出意念，解决该地区的冲突与降低暴力犯罪率。

马赫西大师又相信，群体静坐要能产生效力，有人数上的门槛：凡是一个地区有 1% 的人口修习超觉静坐，或是一个地区有 1% 的平方根的人口修习"超觉静坐悉谛"（更高深的超觉静坐法），则任何种类的冲突（谋杀、犯罪、嗑药、交通意外）都会减少。

22 个测试超觉静坐能否减少犯罪率的实验都得到了正面的结果。一项在美国 24 个城市进行的实验显示，只要一个城市有 1% 的人口固定修习超觉静坐，犯罪率就会降低 24%。另一个实验在美国 48 个城市进行，其中 24 个城市的静坐人数达到人口 1% 的门槛，另外 24 个未达到。结果，达到门槛的城市的犯罪率降了 22%，犯罪趋势降了 89%。至于另外 24 个未达人数门槛的城市，犯罪率增加了 2%，犯罪趋势增加了 53%。

1993 年，超觉静坐组织有鉴于华盛顿的犯罪率在该年的前 5 个月激增，展开了"全国展示计划"。结果发现，只要是静坐人数达到 4 000 人门槛的日子，华盛顿暴力犯罪率就会降低，而且持续降低，直到实验结束为止。这个实验事先控制了各种变量，所以效果不会是任何其他因素（如警察加强巡逻或反犯罪运动）引起的。该实验结束后，华盛顿的犯罪率再次上升。

超觉静坐组织针对全球性冲突做过实验。1983 年，该组织在以色列举行特别大会，透过静坐发送意念，帮助解决巴勒斯坦问题。期间，研究者每天比较静坐者的数目和阿以关系的进展。在参与静坐者人数最多的那些天，黎巴嫩的冲突死亡率降低了 76%。而他们的影响力显然还不仅止于武装冲突，因为其他一般性的人祸（犯罪率、交通意外率和火灾）全都减少了。分析这些结果时，超觉静坐组织声称他们已经排除了其他可靠因素（如天气）的影响。

超觉静坐的高手也试过影响美国和加拿大的"痛苦指数"（通胀率和失业率的总和）。在 1979~1988 年间，透过他们的集体努力，美国的痛苦指数下降了 40%，加拿大下降了 30%。

另一群高手则除了尝试影响美国的痛苦指数，还试图影响货币增长率和原材料物价指数。在这个实验中，痛苦指数下降了 36%，原材料物价指数下降了 13%。准备货币的增加率虽然也受到影响，但其作用不大。

超觉静坐组织的批评者认为，这些实验结果其实可以有别的解释，如年轻人口的减少、地区内实施较佳的教育方案，甚至是经济的起伏，等等。

在我看来，这些实验会引起争议，真正的原因是超觉静坐组织本身就饱受争议：谣传他们窜改实验数据，又说他们有许多信徒渗透到科学组织里。尽管如此，超觉静坐组织得到的证据是如此丰富，实验又做得如此彻底，我们很难完全熟视无睹。另外，他们的研究结果也常常被刊登在经过同侪评估的科学期刊上，这表示，这些实验起码具备一定程度的科学严谨性。

不过，即便超觉静坐组织的实验站得住脚，也仍有不足之处。就像尼尔森的实验一样，他们测试的主要是群体专注的效力，在多次实验中，静坐者并没有发出意念，想要去改变些什么。

1998 年的前 3 个月，罗赖马地区（位于巴西利亚西北方 2 400 千米）的亚马孙州大火肆虐，延烧到雨林的火灾完全失控。由于圣婴现象作怪，已经连续几个月没下雨，导致本来湿润的雨林干燥无比，轻易被当时已在 15% 的亚马孙州地区为患的火灾给点燃。这个地区的雨水一向丰沛，此时却无影无踪。联合国称这次火灾为地球上史无前例的灾难。为了灭火，当局动用了大量直升机和大约 1 500 名消防员（包括从邻国委内瑞拉和阿根廷前来支援的），但于事无补。

3 月底，两个改变天气的专家临危受命，抵达火场，他们是凯亚帕族的印第安巫师。当局用飞机把他们载到火势最猛烈的地区——被认为还住着石器时代部落的亚诺马米保留地。他们又跳舞又祈祷，然后捡拾起一些叶子。两天后，天空降下大雨，大约9成的火被淋灭。

在西方，求雨舞就等同于是表达一个期望好天气的意念——如果是群体意念的话，效果说不定一样好。普林斯顿工程异常研究实验室的尼尔森为此做过一个小研究。事情的缘起是，有一天他忽然想起，就他记忆所及，普林斯顿大学毕业典礼当天没有一次不是艳阳高照。他想知道，这会不会是因为大家都期望好天气的结果？

他比较了过去30年来毕业典礼当天普林斯顿大学和周围地区的天气记录，发现每逢毕业典礼那一天，普林斯顿大学的天气总是比平常干燥，也比周遭地区干燥，阳光更为明媚。如果这些数字可信，说不定就表示毕业典礼当天，普林斯顿大学的集体心愿在校园上空撑开了一把心灵保护伞。

另一个研究过群体念力的科学家是雷丁。他的灵感来自日本一位另类医学实践者江本胜的发现：水的结晶可以被正面和负面情绪改变。江本胜声称，他做过几百个实验，证明即使只是一句好话或坏话，也能深深改变水的内在形态。听过好话的水结冰后会形成精巧复杂的漂亮晶体结构，但听过坏话的冰晶却是结构紊乱，甚至古怪丑陋。最让水受鼓舞的是爱和感恩的意念。

为了测试这个说法，雷丁在他位于加利福尼亚州思维科学研究所的实验室把2小瓶水放入一个有屏蔽的房间。与此同时，在日本举行的一个大会上，江本胜让2 000位与会者看这 2 瓶水的照片，请他们致上感恩的祷告。事后，雷丁把 2 瓶水和控制组的水凝固，交给一群志愿者评鉴（他们并不知道哪个冰晶样本接受过念力）。结果是，有高比例的志愿者认为受过祝福的两瓶水的冰晶结构最美。

尼尔森的"全球意识计划"是群体心灵力量的一个炫目展示。在某个意义下，它们显示的是蒂勒在自己实验室里看到的同一种效应：念力显然可以提高零点能量场的条理。但群体念力又会不会像马赫西大师所主张的，需要一个人数门槛？要多少人才能构成一个能起作用的"群体"呢？如果马赫西大师的公式无误（一个地区只要有 1% 平方根人口修习高深的超觉静坐法，就能影响整个地区），那只要 1 730 个美国的高水平静坐者就足以影响整个美国，8 084 个高水平静坐者就足以影响全世界。

尼尔森的田野随机事件发生器则曾显示，人数的多寡并不如意念的专注强度重要。换言之，即使人数不多，只要整群人专注程度很高，亦足以产生巨大效果。然而，起码要多少人呢？而专注到何种程度才算够高？到底我们意念的影响力有没有底线？有的话，又在哪里？该是我亲自去找答案的时候了。

根据波普的构想，我们的第一个念力实验是在伦敦找一些经验丰富的静坐着，请他们对波普实验室（位于德国）的大伞藻放送正面或负面意念。

在我们讨论过亚该拿什么当实验对象以后，我改变了主意。我本来目标远大，想要在第一个念力实验中就治疗烧伤的病患以及减缓全球变暖的速度。单细胞的大伞藻显然不太符合我的雄心壮志。

不过，对这种藻类有了更多了解之后，我迅速改变了主意。藻类因为全球变暖而大量死亡。科学家发现，过去一个世纪以来，海洋温度升高了许多，而在过去30年，扮演海洋生态系统中心角色的珊瑚礁更是开始从地球消失。这是由于海水变暖之后，依附在珊瑚礁上的藻类就会脱落，而少了这层保护层，珊瑚礁本身也会死掉。单是加勒比海一地，就有一种珊瑚消失了大约97%。美国政府最近也把麋角珊瑚和小鹿角珊瑚列为濒临灭绝的物种。

据联合国跨政府气候变迁专家小组估计，到21世纪末，地球温度将会升高摄氏12℃，这会带来可怕的灾难：海平面升高近一米；世界许多地区热不可耐；病媒虫传染的疾病大量发生；出现更多狂暴的水灾和风暴。气温升高12℃看似不是什么严重的事，但事实上，气温只要下降摄氏12℃，我们就会重回冰河时期。

能抵挡这种可怕现象的尖兵似乎就是藻类。藻类和其他植物可以作为过热海洋的救火员。科学家现在积极研究海床沉积物，以了解海洋是怎样应付二氧化碳浓度的增加。他们特别感兴趣的是海洋植物对全球变暖会做出什么反应，因为这些植物乃是过量二氧化碳的最先缓冲者。藻类为海洋植物和海洋动物提供氧气和其他福祉，如同一道保护墙，帮助它们抵抗人类倒行逆施带来的恶果。

因此，我重新考虑我对以大伞藻为实验对象的抗拒。藻类说不定关乎人类的生存。海洋中大部分生命的健康都依赖这种低等的单细胞生物，而海洋就像热带雨林一样，可以说是地球的肺部。如果藻类全部死去，人类也迟早布其后尘。但若能证明群体念力可以增强藻类样本的体质，则说不定可以表示，我们的思想意念足以对抗全球变暖这种具有潜在摧毁性的力量。

2006 年 3 月 1 日，我飞到德国，去见波普和他的几位同事。生物物理学国际研究所的新总部位于杜塞尔道夫西面的赫姆布洛侬的博物馆岛。这个"岛"的新颖建筑起初是为了满足百万富翁卡尔·海因里希·米勒的古怪需要而设计的。他原是艺术收藏家，后来变成佛教徒，因为找不到地方安置他收藏的许多画作和雕塑，便向美国军方购入 2.63 平方千米的土地，努力把一个北约导弹基地改造为一座"露天"博物馆。

米勒的雄心还包括让他的"岛"成为艺术家和作家的聚居区。他委托雕刻家暨建筑家埃尔温·黑里希大兴土木，授权他自由发挥。结果，黑里希创造出一个充满未来主义气息的庞大砖砌复合体，其中包括许多画廊、一个音乐厅、工作空间,甚至居住区,在一片荒凉地貌中别出心裁地让它们各具特色。没有一寸空间被浪费,就连金属碉堡和导弹发射井都被改造成工作室,供著名的德国艺术家、作家和音乐家使用——抒情诗人托马斯·克林和雕塑家约瑟夫·博伊于斯都在这里进行创作。

走过五颜六色的建筑群以后,我的眼睛为之一亮:迎面而来的一栋矮建筑,由一些以奇特方式互相环扣的立方体所构成,乍看就像是行将起飞的乐高积木。那正是生物物理学国际研究所的新总部。起初,处于礼貌,波普接受了米勒的这个馈赠,却发现它那些高及天花板的开阔落地窗(可以看到博物馆岛的全貌)非常不适合他的研究工作。没多久,他就把实验工作搬到其中另一个金属碉堡进行,那里的阴暗环境最适合侦测生物的光放射。

在那里,我见到了波普团队的八个成员,包括中国物理学家杨宇(YuYan,音译)、法国化学家索菲·科恩和荷兰心理学家爱德华·芳·维克。碉堡大部分的狭仄房间里放着光子扩大器,它们的形状就像个现代化大盒子,与计算机联机,可以计算光子的数目。其中一个小房间里又有一个小房间,里面放着一张床和一部用于侦测人体的光子扩大器,但它的形状古怪,由一些金属圈焊接而成,活像是戴维·史密斯用金属废料制作的雕塑。波普自豪地告诉我,那就是他拥有的第一部光子扩大器,由他和他的学生伯恩哈德·吕特在

1976 年组装而成，但至今仍是这个领域最精密的仪器。

在测量一些细微的效应时（例如，生物体的光放射），很重要的一点是去建构能制造出显著结果的测试，以显示真的出现了变化。因此，我们的实验必须设计得够严谨，让它得到的正面结果不足以被"魔鬼辩护人"否定（"魔鬼辩护人"是指专挑科学假设弱点的科学程序）。换一种方式说，我们应该秉持施瓦茨的那个座右铭：听到奔蹄声，我们必须先确定那不是马发出的声音，才能下结论说那是斑马发出。

在我们的实验设计中，也必须致力于制造一种"开关、开关"效应，好让任何因念力导致的改变都能突显出来。波普建议，我们发送意念的时间应该有固定的间歇：每进行10 分钟就休息 10 分钟。这样，如果实验真有效，一等数据转换成曲线图，就会看见一条明明白白的锯齿状曲线。

波普另外同意用的实验对象还有腰鞭毛虫。这种会制造荧光的生物对环境的变化极端敏感。前面提过，即使放入摇晃过但已恢复静止的水中，腰鞭毛虫的光放射量也会变得大为不同。但我希望再加入几种实验对象，因为这样就有好几种结果可以对照。多一个正面结果将会减少一些巧合的成分。在我极力争取下，几位科学家勉强同意增加两种实验对象：一颗青锁龙和一个人（由范·维克负责找人）。

就像波普与布拉斯班德合作进行实验时所了解到的，有时很难让太健康的生物更健康，所以我们决定让一些实验对象不舒服。对简单生物施压的最好方法当然是把它们放在一些有刺激性的培养液里。范·维克和索菲决定把醋放入腰鞭毛虫的培养液。至于那棵青锁龙，则把针扎在它其中一片肥厚的叶子上。对于人类对象，范·维克想到的方法是给他连喝三杯咖啡。但我不打算告诉志愿静坐者这个，看看他们是不是可以接收到实验对象的心灵信息。我们决定绕过大伞藻，以便试试我们的意念能否也影响到健康生物。为了让事情简单化，我们发送的意念只包含两部分内容，一是减少每个实验对象的放射光子数，二是增加他们的健康和健全程度。

仪器在下午 3 点至晚上 9 点之间运作，期间，范·维克和索菲让光子扩大器开着。在这段时间里，我将从伦敦那儿自由选择 3 个时段（各半小时）放送念力，至于是哪 3 个时段，则要等实验过后才告诉几位科学家。

实验设计受到仪器的限制，光子扩大器不能连续运作 6 个小时，所以我们决定让仪器每开半小时就休息半小时。在我选择的 3 个时段中，我会要求参与者每发送 10 分钟意念给 4 个实验对象后，就休息 10 分钟，然后再发送 10 分钟。换言之，他们每一小时会发送 20 分钟意念。范·维克和波普计划看看实验对象的光放射有没有任何量的变化。若光子在发送念力期间出现任何量子性质的改变，意味那是受到外来影响力所致。换言之，是我们的念力发生了效果。

我为实验对象和参与实验的科学家拍下照片。离开前，我瞄了实验用的大伞藻和腰鞭毛虫最后一眼。对于那些腰鞭毛虫，我有一点点于心不忍：这些绿色的水中小幽灵将要承受压力，而且说不定会为科学而牺牲生命。

几星期后，范·维克找到一位志愿者：他的荷兰同事安娜玛丽·杜尔。安娜玛丽是激光生物学家，她有很长时间的禅修经验。她虽然对我们的实验抱着怀疑态度，仍然乐意充当我们第一个人类实验对象。她这一举动可说相当大度，因为志愿者必须在一个漆黑的房间里静静躺6小时。

在3月中旬的一个读者会上，我征求一些与会读者参加第一次念力实验，条件是他们必须有丰富的禅修经验。我做了个幻灯片，简单介绍了我们的实验对象和实验程序，告诉他们实验时间定在3月28日下午五点半，地点是我租来的一个大学教室。

实验当天，当我与同事妮科莱特·武范走出办公室，要坐火车到伦敦市中心时，天空冰雹骤降，我们不得不在一个门洞里暂避了一阵子。滂沱大雨让我们半身湿透，但我却雀跃不已，心想真是天助我也。因为这种狂暴的天气常常由地磁或大气扰动引起，而我知道，这一类扰动可以扩大念力的效力。后来，晚上回到家，我上美国海洋暨大气总署的网站，看到它对今天太空天气的形容是"不稳定"、地磁活动频繁，太空中会出现小型到中型的风暴。

虽然天气欠佳，但16位志愿者还是依约前来。我交给他们一些表格，请他们填写个人数据。表格中有一些是施瓦茨和克里普纳使用过的心理学测试，包括亚利桑那综合评量表和哈特曼边界问卷。对我来说，对志愿者了解得愈详细，愈有助于我在事后判别他们的心灵状态、心灵感应能力和健康状态是否会对实验结果有任何影响。

我向他们说明实验的细节，给他们看实验对象的照片。我告诉他们会在下午6点至晚上8点半这段时间内发送意念，每小时发送2次（一次是从整点到10分，第二次是从20分到30分）。在其余时间，大家可以休息、交谈或填表。

我们在下午6点整开始。就像蒂勒在进行念力存储实验的做法一样，我看着计算机屏幕，大声念出事先写下的意念内容，好让每个志愿者发送一模一样的意念。然后，在我的带领下，大家一起看着屏幕上实验对象的照片，默默努力降低它们放射光子的数量，增加它们的健康程度。

随着时间过去，我们愈来愈具体感觉到有一股集体能量慢慢膨胀。在其中一个志愿者迈克尔的建议下，我们分别把大伞藻和腰鞭毛虫昵称为"塔布"和"迪诺"，以便跟这些小生物建立一点感情联系。虽然座中没有人曾有过心灵感应的经验，但一些参加者却开始能接收到来自实验对象的信息，特别是来自安娜玛丽的信息。好几位志愿者深信她是业余歌手，喉咙老是出现问题；伊莎贝尔认为她有肠胃病或妇科方面的问题；迈克尔（他是德国人）则说他脑子里反复出现"处于黑暗的保护中"这句话，相信这表示对方正裹着毯子；埃米说她接收到一个心灵映像，看见安娜玛丽裹着一张豪华、柔软的毯子，躺在坚硬的表面，有时会睡着。埃米还坚信，安娜玛丽吃了什么不容易消化的东西，胃不舒服。

多数志愿者感到自己与青锁龙和"塔布"取得联系，而彼得则是强烈感应到大伞藻对他的大部分念力有回应。不过，我们大多数人却无法联系上"迪诺"，这个情形愈来愈甚，以致到了实验最后，几乎没有人再感应到"迪诺"的存在。

我们全都被强烈的目的感充满，暂时失去了个体认同。实验结束时，我对这实验的意义再无半点怀疑，完全不再隐约觉得它有点滑稽可笑。虽然我们不是具有特异功能的治疗师，却全都感觉到自己成功进行了某种治疗。

几天后，我把我们的禅修日程表传给波普，让他的团队对比结果。我甚至和安娜玛丽通过电话。我们一些超感官感应被证明是正确的。她的确是业余歌手，不时会喉咙痛。虽然平常没有胃肠方面的毛病，但那个晚上因为喝了范·维克要她喝的三杯咖啡，而感到胃不舒服。另一方面，虽然傍晚喝咖啡一般会让她烦躁和失眠，但在实验那6个小时里，她有时却睡着了，后来回到家也很快就睡着了。她又说，在实验中，她的身体每隔一定时间便感到酥麻，经过对比，恰恰就是我们放送念力的时段。尽管如此，我们的心灵感应仍然有失准头的时候：一对参与实验的夫妻感应到她是素食者，听过或唱过维瓦尔第的歌，但两者都错了。

分析数据时，范·维克不只分析光的强度，还分析它们有没有偏离"对称"状态（在正常情况下，生物体的光放射如果转换成曲线图，会呈钟状曲线，两边完全对称）。范·维克还研究了数据有没有偏离分布上的"峰态"。正常来说，生物体光放射的峰态系数是零，因为高峰和低峰会互相抵消。比较过 12 个时段后（6 个发送意念的时段和 6 个休息时段），他并没有发现光的强度有所变化。不过，他却发现"偏态"出现了很大的变化（偏态系数从 1.124~0.922 不等），显示出这些光放射缺乏正常的对称性，而峰态系数同样变化很大（从 2.304~1.581 不等）。光里头有某些东西被深深改变了。

这些结果让范·维克兴奋不已，因为那与他自己对念力治疗师做过的实验完全一致。他曾经研究过治疗行为会不会发生"扩散作用"，对治疗对象四周的生物发生效应。在该实验中，他把一些藻类放在一个治疗病人的治疗师旁边，又摆上一具光子扩大器侦测藻类的光放射，侦测在 36 回的治疗中，藻类的光子数增加了多少。结果意外发现，在治疗期间，光子数的分布有"异乎寻常"的改变，在光环部位的放射发生了大位移。他的小型实验反映出，治疗念力会波及它四周的生物，影响它们的光放射。如今，他在一些距离 480千米外的平常人身上也发现了同一效应。

4月12日，波普把大伞藻、腰鞭毛虫和青锁龙的实验数据传给了我。虽然一开始时他认为数据显示出实验毫无效果，但他在经过计算后改变了看法。通常，任何受到压力的生物在经过一段时间后，会开始适应压力，放光量也会慢慢减少。因此，为了证明念力真有效用，波普必须控制这个现象。考虑到这种可能性，他采取了一种归零的算法，重新计算结果。透过这种方式，他得以断定某些额外的变化是否代表光子数的增加或减少。他把光子数目转换为曲线图，便可得知其增减有无偏离常态。

与对照时段相比，三种生物体在实验时段的放光量都显著减低。腰鞭毛虫后来被酸杀死了，这大概就是禅修者难于感应到它们的原因。不过波普指出，腰鞭毛虫垂死时的反应仍然明显不同于一般的垂死生物（光放射的次数要少了近14万次）。在存活的实验对象中，念力对大伞藻的效力要显著于对青锁龙，前者的光放射次数要比平常少544次，后者只比平常少65.5次。这大概是因为大伞藻不需要面对压力，而青锁龙则有一根针扎在它叶子上的缘故。

波普把数据转换为曲线图，用红色标示出哪些线段是我们放松意念的时段，然后用电子邮件发给我。曲线图清楚地显示，我们确实制造了一种"锯齿"效应。波普在报告中指出，每当我们禅修时，"光放射向下的趋势就明显大于向上的趋势"。在大伞藻的情况中，我们的念力让光放射有573

次低于常态，只有 29 次高于常态。

我们的小禅修努力创造了大的治疗效果。虽然只是平常人，又身在远距离之外，但我们创造的念力效果却相当于一个近在咫尺的特异功能治疗师。我们的意念创造的光与治疗师的一样。

我有发现，那天参加念力实验的志愿者都是理想人选。从他们填写的表格得知，他们修习禅修的时间平均是 14 年，全都是人格边界非常"薄"的人。他们的心灵、情绪和生理都相当健康，而且感情充沛。

在很多方面，这都是一个粗浅的初步尝试。我们只测试了四种对象，它们有些受到压力、有些没有，其中一种还死了。我们使用了对照时段，却没有使用对照对象。范·维克和波普都提醒我，不要太过兴奋。"我们必须确定峰态和偏态上的变化是真实的。这表示，我们得把实验再重做两三遍。"范·维克这样说。波普则说："虽然实验结果显示出某种趋势，但我可不敢称之为证据。"

尽管有这些告诫，但我们取得的显著结果仍然是不争的事实。其实，实验最后获得正面结果并没有让我太惊讶。毕竟三十多年来，包括波普、施利茨和施瓦茨在内的许多科学家已经累积了大量无疵可寻的证据，表明相信念力的存在并非是种轻信。对人类意识的前沿研究，推翻了各种我们迄今认为是确定不移的科学事实。这些发现提供了有力的证据，证明宇宙中的一切彼此关联、不断地互相影响。许多被我们奉为无上权威的物理法则并不是金科玉律。

这些发现的重要性远不仅证明人有超感觉能力或肯定超心理学是一门有效的学科，甚至还让整栋"科学大楼"摇摇欲坠。罗森鲍姆、高希、蔡林格发现量子效应一样发生在可触世界这一点，说不定为现代物理学的二分法吹响了终结号角。

我们一向把宇宙定义为一个众多孤立物体的集合，又把自己界定为众多事物之中的一个事物。这些定义都得改写，而需要改写的还有我们对时间和空间的基本了解。至少有40个来自世界不同角落的顶尖科学家已经证明，生物体会实时不断地互相传输信息，而意念则不过是一种传输能量的方法。数百人曾提出可信的理论，让最反常识的效应（如逆时间影响力）变得能与物理定律相容。

我们再也不能把自己与环境区别开来，把我们的心思意念看成是私人物品，只存在于自己的脑子里。数十位科学家写过数以千计的科学论文，提出掷地有声的证据，主张意念深深影响着我们生活的每一个方面。身为观察者和创造者，我们每一瞬间都不断在改写自己的世界。我们的每一个意念，不管是有意识或无意识的，都会带有效力。只要是清醒着，意识就会在每一刹那发送意念。

这个发现逼迫我们重新反思何谓之当人，何谓之关系。

我们也许必须开始对自己的每一个起心动念心存警惕。哪怕是默默无语的时候，我们也还是与世界处于互动关系中。

我们还必须认识到，这些观念已经不再是几个怪胎科学家的奇思怪想。意念的力量在许多生活领域（从正统医学到另类医学，再到体育界）受到广泛利用。现代医学必须要完全承认念力在治疗上的重要角色。医学科学家常常抱怨"安慰剂效应"是一种恼人的现象，妨碍对新药物有效性的测试。但现在，我们应该明白，安慰剂是真有力量的，应该想办法充分利用这种力量。毕竟心灵一次又一次被证明要远比最伟大的药物更有疗效。

我们必须重新调整自己对人类生物学的理解。人类具有一种能影响世界的极大潜力，可以随意为自己使用。这种潜能不是某些天赋异禀者的专利，而是每个人与生俱来就拥有的。我们的思想是一种不可穷竭的资源，随传随到，被召唤来医治我们的疾病、清洁我们的城市、改善我们的星球。我们说不定可以用它来改善空气和水的质量、减低犯罪和交通事故率，以及提高孩子的学习能力。说不定，只要愿意，走在街上的任何普通男女都可以为关乎全球利益的事务尽一份力。

这种知识又说不定可以反过来，还给我们一种个人力量感和集体力量感。这两种力量感都被现代科学鼓吹的世界观夺去了很大一部分。根据这种世界观，宇宙是冷漠的，住在其中的是一些互不相干的人和事物。事实上，明白了意识的力量，就可以让科学与宗教更加靠近，领略到所谓的生命，并不只是一些化学物质或电子信号的集合。

我们必须对许多原始文化中的传统智慧保持开放态度，因为它们对念力的性质有一种本能理解。这些文化几乎都相信，宇宙有一个统一的能量场（类似零点能量场），像一张看不见的网一样，把一切连结在一起。现代的念力科学已经证明，这些原始文化对于显灵、治疗和信仰是有根据的。所以，我们应该向这些文化学习，认识到每个意念都是神圣的，带有物理形式的力量。

现代科学与古代传统都可以教我们怎样使用意念的力量。如果我们学会怎样以正面方式导引念力，将可能改善这个世界的每一方面。医学、治疗、教育，乃至我们与科技的互动，全都可能因我们对意识与世界之间的互动有更深入的理解而受惠。如果能够了解人类意识这种异乎寻常的力量，我们对我们之所以为人的一切复杂性，将有更深入的理解。

但有关念力的性质，还有许多待解决的问题。前沿科学是探问匪夷所思的艺术。历史中所有重大成就全始于自问一些奇怪的问题：石头从天上掉下来的话会怎样？如果巨大的金属物体能够抵抗地心引力，会有什么后果？如果世界没有尽头，对航行来说意味着什么？如果时间不是绝对的，而是视你人在哪里而定，会有什么后果？所有有关念力的发现，也是从一个乍看荒谬的问题开始：如果我们的意念可以影响周遭事物的话，会有什么后果？

货真价实的科学不会害怕去探索漆黑的路径。科学的探索总是从一个不受欢迎的问题开始，哪怕知道这个问题不可能立刻有答案，或是知道答案可能威胁到每一个我们最珍爱的信念。参与意识研究的科学家必须不断提出不受欢迎的问题，以理解心灵的性质及其能力范围。在我们的群体念力实验中，我们要问的是一个最匪夷所思的问题：群体意念可不可能治疗一个身在远方的对象？这有一点点像是在问：如果思想可以治疗世界，将会有什么后果？这看似是个荒谬的问题，但科学探究最重要的部分正是有意愿问看似荒谬的问题。就像祷告研究办公室主任巴思在本森的祷告实验失败后所说的："不反复问这些问题，我们就不可能找到答案。"这就是我们实验的出发点：无惧于问问题——不管答案是什么。

意念的效力是爱的完全展现。

第四篇·实验

奇迹并不违反自然，它们只违反我们所知道的自然。

——圣奥古斯丁

第十三章　念力练习

迄今为止，本书谈的都是意念力量的科学证据。我们还未做的是测试这种力量在日常生活的"肉搏战"中可发挥到何种程度。许多书籍都谈到念力作用有多惊人，它们虽然包含许多直觉真理，却没有提供多少科学证据。

我们到底拥有多少可以形塑自己生活的力量？可以用它来为个人和群体做些什么？我们具有的力量足以治疗自己，让生活更快乐、更有目标吗？

这正是我需要各位帮忙之处。本书接下来的部分，是要确认念力可进一步利用到多大的程度，而这是需要各位共同参与的。

虽然任何一种专注都会带来念力的效果，但科学证据显示，如果一个人变得更"和谐"，念力的效果会更大。所以，使用念力的时候，你应该选择适当的时间和地点，静下心来，观想你要影响的对象，用心灵图像进行心智复演。另外，相信念力的效果也与念力的效力有关。

我们大部分人整天忙东忙西，满脑子杂乱无章的思绪，心灵很少和谐宁静。但只要能够学会关闭内在的喋喋不休（它们总是关注过去或未来，从不会专注于当下），心灵就不难变得较和谐。学习静心，集中自己的注意力，就像运动员的锻炼一样，你的表现将随着练习次数的增加，日渐得心应手。

以下的练习要诀是为了帮助各位变得更和谐，以及在日常生活和我们的群体实验中能更有效地使用念力。它们都是从各个科学实验成果中提炼出来的，已被证明是使用念力相当有效的方法。

念力既可以使用于小目标，也可以使用于大目标。如果是大目标，应该把它拆开，分段完成。刚开始学习使用念力的人最好选择小目标，也就是在合理的时间架构里可以达成的合理目标。例如，如果你本来超重近 20 公斤，却指望一星期后变成窈窕淑女，便是一个不切实际的时间架构。不妨把大目标放在心里，随着你愈来愈有经验，慢慢向目标推进。重要的是，你必须克服半信半疑的态度。心灵可以影响物理现实这种观念也许与你秉持的世界典范相左，但如果你是活在中世纪，一样不会相信万有引力的概念。

选择自己的念力空间

一批科学研究显示，规范你的念力空间能扩大念力的效力。所以，使用念力时，最好挑一个你觉得舒适宁静的环境，放着沙发或其他舒适的座椅，把那些会让你分心的多余的东西挪走。如果喜欢，可以使用蜡烛与柔和的灯光照明，或点一炷香。

　　有些人觉得摆设"神坛"之类的东西有助于集中精神。若是如此，可使用对你有启发性或特殊意义的物体或照片布置神坛。即使不在家里，使用念力时仍不妨用心想象自己已经"进入"了这个念力空间。

　　除非你是住在山上，一打开窗子就能呼吸到新鲜空气，否则你就应该装一部离子空气清静机。离子半衰期（即离子维持有效辐射的时间长度）的长短取决于空气中污染物质的多寡。如果附近有离子源（如流水）的话，空气就会愈干净，离子的半衰期也愈长。离子浓度最高的环境包括：

- 少人居住的乡村地区，远离都市
- 接近水流处，如瀑布附近
- 自然生物栖息地
- 有明亮阳光处——明亮阳光是天然的离子空气清静机
- 风暴过后
- 山中

离子浓度最低的地方包括：

- 聚集着一堆人的密闭空间
- 接近电视机或其他电器之处——电器用品可放出高达

11 000 伏特的电磁波，让周围的一切东西都笼罩在正电荷之中。

· 城市中

· 工业区附近

· 有烟、雾、尘、霾的地方

有个大致通则，即能见度愈低之处，离子浓度就愈低。能见度低是因为弥漫着大量大型粒子，而大型粒子易于吸引粒子的附着。如果是城里人，不妨在自己的念力空间摆些盆栽和放些水源（如案头喷泉），此举可以增加空气中的离子浓度。不要让你的念力空间有计算机和其他电子小玩意。

热身

要想进入高度专注的状态，你必须先把脑波放缓到冥想的水平，即放缓到 α 波的水平。这种脑波的频率介乎 8~13 赫兆之间。

采取舒服的坐姿。许多人喜欢笔挺地坐在硬背椅上，双手放在膝上。你也可以盘腿坐在地板上。缓慢而有节奏地呼吸，用鼻子吸气，嘴巴呼气，尽量做到吸气和呼气的时间一样。放松腹部，微微前凸，然后慢慢收缩腹部，仿佛想让它碰到背部。这种动作可确保你能以横膈膜带动呼吸。

每 15 秒钟重复一遍，但量力而为，不要让自己太累或紧绷。持续 3 分钟后开始用心念观察自己的一呼一吸。再进行 5 或 10 分钟。反复做这个练习，因为它乃是各位的禅修基础。

就像佛教喇嘛都知道的，要进入 α 波的状态，最要紧的事就是让心静下来。当然，如果是一般人，想要做到脑袋一片空白几乎是不太可能的。

许多禅修学派主张，当专注于呼吸或把注意力集中在某一单一事物上后，可以用某种"锚"把心思给定住，让它不会杂乱游走，从而对直觉信息有更大的接收能力。最常被用来当锚的有以下这些：

· 身体和它的运作，或是呼吸

· 你的意念——但应该把它们看成是自己飞来飞去，所以它们不是"你"

· 咒语，如佛教使用的"唵""阿""吽"

· 反复默数数字，顺着数或逆着数都可以

· 音乐，最好是有重复性的音乐，如巴赫的曲子

· 单一音调，例如，澳洲原住民的乐器"迪吉里杜管"所发出的声音

· 鼓声或敲击声——很多传统文化都用这种重复的声音让人安定心神

· 祷告，例如，用《玫瑰经》祷告，它重复的节奏能使心静下来

一直练习，直到你自然而然就能够"入定"20 分钟或以上为止。

高度专注的状态

热身还包括发展出一瞬间接一瞬间的高度专注能力。培养这种境界的最好方法是练习佛陀在公元前 500 年所提倡的专注于一的禅定冥想。它教人要一刹那地清楚觉察到自己内外所发生的事，不去用情绪扭曲知觉，或是心不在焉，沉溺在自己的思绪里。

除了要求专注以外，专注于一的禅定冥想也要求你监视着你专心的焦点，把这焦点瞄准在当下。通过这个方法，你将可关闭心灵内在的喋喋不休，全神贯注于感官经验，无论那是多平凡琐碎的感官经验：吃饭、拥抱小孩，或只是从毛线衣上挑起一根棉线。对你的心灵来说，专注于一的禅定冥想就像是心灵的慈母，她会让孩子知道自己该注意什么，孩子一迷路就会把他找回来。

假以时日，专注于一的禅定冥想还可以加强你的感官清晰度，让你不会对日常生活麻木不仁。

把专注于一的禅定冥想整合到日常生活的一个困难是，现在人们练习这个的时候，都是在闭关修行时，如此才能有余暇时间一天花几小时在这上面。尽管如此，还是有一些方法可以把许多传统禅修方法带入你的念力冥想中。

一等你到达α波的状态，就静静观察发生在你心灵与身体上的所有感觉。专注于呈现的一切，不要被情绪、愿望、好恶左右你的焦点，也不要压抑或排斥任何负面思想。一个驾驭心灵的好方法就是"住到你的身体里面"，感受身体的各种状态。

必须记住，专注于一的禅定冥想和单纯的专注是不同的，前者不带价值判断，也没有任何参考坐标。只要静静观察每一个当下就好，不要让它们被喜欢或不喜欢的情绪着色，也不要把它们认同为"你"的经验。简言之，在禅定冥想之中，没有"好"与"坏"可言。

·尽力去清楚感受你觉察到的一切气味、质地和颜色。房间里有什么味道？你嘴巴里是什么滋味？你坐着时臀部是什么感觉？

·仔细觉知发生在你内外的一切。每当逮到自己在做价值判断，就告诉自己："我在思考。"然后摒弃思考，回到纯粹的观察。

·培养聆听房间里各种声音的能力：水管里的辘辘声、狗的吠叫声、汽车喇叭声、飞机从天空飞过的声音。接受所有声音，不管是噪音、杂音，还是宁静，都只管聆听，不做价值判断。

·注意房间里的各种变化：日光的"颜色"、房间的光亮度、任何发生在你面前的变动或宁静的感觉。

· 试着消除你对某种结果的期望或追求。

· 接受一切，不加价值判断。这意味着不对发生的事情做解释。随时注意自己有没有执着于某些意见、观点、偏好而排斥其他想法。接受你的感觉与经验，哪怕是让你不愉快的部分。

· 不要匆匆忙忙。如果你必须匆匆忙忙，就去感受这匆匆忙忙让你有什么感觉。

在日常生活中培养禅定的心

即使你不打算使用念力，但有证据显示，如果能够在日常生活中培养专注于一的禅定冥想，也可以把脑子重塑得更好。对于要如何做到这一点，心理学家查尔斯·塔特博士有如下建议：

· 每天抽出若二时间，安静下来，观察你内外发生的事。

· 在日常活动中，每感到思绪游走，就观想呼吸，它可以让你稳在原地。

· 观察你那些最琐屑的活动，如刷牙或刮胡子。

· 做一些小运动，如散步之类的，让你可以完全专注在自己身上。

· 随时随地在心里记录自己正在做什么事："我在拿外

套""我在开门""我在绑鞋带"。

· 在每个日常环境中使用专注于一的禅定冥想。在准备晚餐或刷牙时，努力去觉察所有气味、质地、颜色和身体感觉。

· 学习认真看着你的伴侣、孩子、宠物、朋友和同事。在每一种活动中仔细观察他们，不加价值判断。

· 在从事一些活动时（如吃早餐），要求你的孩子不要说话，观察活动的每一方面。专心感受事物的滋味，细细查看其质地和颜色。燕麦片嚼起来的口感如何？果汁流入喉咙是什么感觉？当你注视这一切时，有些什么样的身体感觉？

· 细细聆听每天围绕你的千百种声音。有人对你说话时，除了聆听他们的话，也聆听他们的"声音"。对方话没有讲完前不要抢着回应。

· 在每种活动中练习专注于一的禅定冥想：上街时这样做，开车回家时这样做，在花园里锄草时也这样做。

· 练习专注于一的禅定冥想时如果凑巧碰上某个人，不要跟对方谈话，打个招呼和握握手就好。

· 在极端忙碌或必须限时完成工作时，使用专注于一的禅定冥想。观察自己在极端忙碌时是什么感觉。是否影响到你的均衡呢？做自己的旁观者。当你工作非常忙碌时，你还能住在身体里面吗？

· 排队时练习专注于一的禅定冥想。感受一下等待是什么感觉，不要老想着你排队所等待的东西，而是观想你身体和心灵的活动。

·不要老想着一些来日才会到来的大难题或设法要解决它们。只先处理实时的难题就好。

与他人汇流

实验证明，当两个人以手互触对方胸口，或是以慈悲心观想对方心脏，两人的脑波就会发生拽引。

所以，在使用念力前，与你想影响的对象发生某种情感联系也许至关重要。

以下几种方法可以帮助你建立这种联系：

·刚开始学习使用念力时，只用在与你有强烈感情联系的人身上，如配偶、孩子、兄弟姐妹或好朋友。

·如果是你不认识的人，跟他交换纪念品或照片。

·去见见对方，一起散个步。

·跟对方一起禅修半小时。

·请求对方在你发送念力时敞开心胸接受。

·即使你的对象是非人类或无生物，一样可以建立某种联系。不管对方是植物、动物还是无生物，要行使念力前，都应尽可能多地认识它们。另外，如果可能，把它们放在你身边一段时间。更不用说要好好对待它们（哪怕只是你的计算机或复印机）。

培养慈悲

带着慈悲心发送的念力显然更有效力。至于慈悲心的培养，可采用以下方法：

·观想自己的心脏，想象你给它传送光。观察那光从心脏向身体其他部分延伸出去。然后给自己一个祝福："但愿我健健康康，远离苦痛。"

·继而祝福其他人，先是自己的亲人，然后是好朋友，然后是熟人，然后是你厌恶的人。每一次，一边呼气，一边想象一道白光从你的心脏辐射而出，射向他们，一边想象一边这样祝福："但愿他们健健康康，远离苦痛。"

·最后，把祝福的心愿发送给全世界的人类与生物："我要把慈爱带给所有生物，但愿他们全都健健康康。"

·学习在想象里与你所爱的人交换角色。想象你就是你的配偶、父母或孩子。试着钻进你爱的人的脑子里，用他们的眼睛看世界，感受他们的恐惧和梦想。

·斯通曾经引用《西藏生死书》作者索甲仁波切的话指出，当我们因为看到电视新闻里的贫穷和苦难而心有戚戚时，不应该让这种偶然燃起的慈悲心一闪即逝：

当你的爱心或同情心生起时，不要平白浪费；当你的慈悲感涌起时，不要把它拨到一边，想要赶紧恢复"正常"，或是感到难为情或害怕。应该当个感情脆弱的人，应该利用这转瞬即逝的慈悲之心。冥想它，培养它，扩大它，深化它，让它进到你的心底深处。这样做的话，你就会了解到自己一向以来对别人的苦痛有多么麻木不仁……

· 如果是要用念力治疗某个人，先设身处地感受对方的病痛，想象他的心情。问问自己，如果你得了同样的病，会是什么感觉，会有多么渴望得到治疗。

· 现在，直接将你充满爱意的意念投射给对方。如果对方就在你面前的话，握住他（她）的手。

说出意念

在禅修状态中，清楚地说出你意念里的内容。许多人喜欢把意念的内容构设为"未来时态"，我却喜欢使用"现在时态"，就像是一个希望已成为现实。例如，如果是治疗背痛，不要说"我的背痛将会消失"，应该说"我的背部毫无疼痛，可以自由活动"。也尽量使用正面句子，少用反面句子，例如，应该说"手术结果一切良好"，不要说"手术不会有副作用"。

清楚明确

清楚明确的意念似乎效果最佳。务求让你的意念高度明确，愈仔细愈好。例如，如果你想治疗你小孩左手的第四根手指，就务必要在意念中指明是该手指，最好还说明是哪里出了问题。

说出你的整个意念，包括你想影响的是何时何地的何人何物。像新闻记者那样，使用下列的项目清单来检查你有没有遗漏任何重要部分：何人、何事、何时、何地、为何、怎样。另一个也许有帮助的方法是，把你想达到的目标画成图画，放在你常常看得见的地方。

心智复演

就像顶尖运动员都知道的，最有效使用念力的方法就是投入全部五官去想象你想获得的结果。可视化想象可用于任何目标：改变生活处境、工作环境、人际关系、体能状态、心灵状态（由消极转积极），乃至个性。可视化也可用于对别人发送念力。自己来引导心灵图像有点像是自我催眠。

发送意念以前，先用心灵把想要获得的结果好好想象一遍。很多人以为，使用可视化想象，就表示要在脑海里"看见"一幅清晰的画面。然而，若就念力的使用来说，清楚的画面不是不可少的，有时甚至全然用不着。有时，你需要有的只是一种印象、一种感觉。有些人喜欢以文字想象，有些人则喜欢用声音或触感想象。采取何种心智复演，视你最喜欢用哪一种感官而定。

以治疗背痛为列，你可以想象自己的背痛已经消失，正在从事一些你喜欢的运动。重点是你要清楚、鲜明地观想背部不痛、柔软有力的感觉。想象你正在轻快地走路，背一点都不痛，想象你自由自在奔跑的感觉。如果你是要治疗别人的背痛，可以用一样的方法，但想象你自己的背部就是对方背部。

可视化想象

要学习可视化现象，可从以下的练习开始。每次先进入禅修状态，而想象或回忆过程应力求真实：

回想最近吃过的一顿美味餐点。你是否可以还记得它的一些气味和滋味呢？

·回想你的卧室。在心灵里把它走一遍，回忆它的某些细节，如床铺、窗帘、地毯的颜色或触感。你不需要回想房间的每一个细节，只要回忆到一部分或感觉就可以。

·回忆最近的一次快乐时光（与爱人或孩子共度的）。回忆其中最鲜明的感觉与画面。

·回忆从事一些活动（跑步、踩单车、游泳、健身）的感觉。努力想象你的身体正在从事这些活动。

·回忆你最喜爱的音乐。试着在脑海里播放那些音乐。

·回忆最近一次带来强烈身体感觉的经验（如跳水、洗蒸汽浴或做爱）。试着放松所有的身体感觉。

要可视化你的念力，可采取以下方式：

·在脑海里创造你想达成的结果的画面。想象它已经发生，而你就在其中。

·努力想象有关该情境的更多感官细节，如色、香、味、触感。

·以乐观进取的态度想象结果。用心灵话语告诉自己，你的目的已经实现或是正在实现（不是"将要"实现）。例如，如果你有心脏方面的毛病，就告诉自己："我的心脏健健康康。"

·如果是要治疗自己，就想象治疗能量（一道白光或某个神祇之类）充满你，然后想象它医治你生病的身体部分，让它恢复健康。如果你喜欢想象"正邪对决"，那就想象"英雄"细胞打击或吃掉"坏蛋"。不然，可以想象生病的细胞或组织变为健康的细胞，或生病的细胞被健康的细胞取代。常常在心里想象自己完全健康，日常生活自理无碍。另外，如果你哪个器官有毛病，可以在网络或书本上找一张该器官的照片，然后想象你的器官就像照片中的器官一样健康。

如果你身体疼痛，想象治疗的能量随着每一次吸气被你吸入，然后流淌到你的肌肉与血液细胞，再透过动脉被输送到神经，最后让疼痛得以被缓和和治愈。

· 不管是禅修中还是一天的其他时间，常常做这种视觉想象。

信念

安慰剂效应显示，信念的力量非同小可。相信念力可以发挥作用对安慰剂是不是真能发挥作用至关重要。要坚定相信念力必然有效，不要容许自己去想象有失败的可能性。丢弃任何"这种事不可能发生在我身上"的念头。如果你要用念力帮助某个不相信念力这回事的人，最好是先跟他谈谈，拿本书和其他地方提供的科学证据给他看。两人是不是分享相同信念是很重要的。本森相信，他研究的那些喇嘛之所以能够有出神入化的表现，是因为他们用各种方式把信念内化到自己的最深处。

站到一边

对禅修、灵媒和另类疗法的研究显示，那些使用念力最成功的治疗师，总是想象自己与病人和宇宙连结在一起。所以，在进入高度专注的状态后，你应该放空自己，松开自我感，努力让自己与念力对象以及宇宙融为一体。然后，把你想达到的结果清楚地说出来。在这一刻，你也许会感受到你的意念已被一种更高的力量接收。这时，你再以一个恳求结束内在冥想，然后让你的自我站到一边。记住：这个"力量"不是源于你——你只是力量的导管。把意念发送给宇宙时，请以恳求的形式发出。

时间拿捏

有证据显示，以心控物的意念在地磁活动频繁的时候最有效。有一些网站可以让你查到你居住地区的地磁活动水平。美国海洋暨大气总署设有一个太空环境中心（www.sec.noaa.gov），那是美国官方的太空天气消息来源。太空环境中心本身又有一个称为"太空天气行动"的特别部门，由美国海洋暨大气总署与美国空军联合运作，负责预测太阳和地磁的活动。

太空天气行动提供大量通过地面天文台和卫星得来的实时数据。这些资料让"太空天气行动"部门得以预测太阳和地磁活动，让全世界事先预防强烈的太阳或地磁风暴来袭。想知道你准备行使念力那天的太空天气预测，可去 http：//sec.noaa.gov/today2.html 查询。

太空环境中心制作了一些太空天气规模表，门外汉也能因此轻易了解地磁风暴、太阳辐射风暴的强度和它们会干扰电子通讯的程度（见 www.sec.noaa.gov/NOAAscales）。它们所附的数字（如"G5"）代表严重程度：1 最轻微，5 最严重。

欧洲太空总署和美国太空总署曾联手建立"太阳与光层观测站"，以观测太阳对地球的影响。因此，想获得更多信息，请前往 http：//sohowww.nascom.nasa.gov/. 想要找其他太空天气的信息，请前往 http：//sohowww.nascom.nasa.gov/spaceweather，这个网站有关于地磁活动、太阳风、高能质子通量和 X 射线通量的有用图表。

衡量地磁活动的单位是"K 指数"和"a 指数"。前者分 10 级，0 代表最平静，9 代表最喧闹，后者的级别则要大上许多（从 0 到 400）。

要发送念力，最好选"K 指数"大于 5 或"a 指数"大于 200 的日子。

一天 24 小时当中，最佳放送念力的时间也许是"地方恒星时"的中午 1 点（请用网络查出你所在地的"地方恒星时"）。另外，应该选择你身心康健的日子做这件事。

综述

· 进入你自己的念力空间。

· 用禅修来热身。

· 透过专注于一的禅定冥想，让自己在当下进入专注状态。

· 透过观想慈悲以及建立联系，让自己与你想帮助的对象达到同样的脑波状态。

· 意念尽量清楚明确。

· 投入全部感官去进行心智复演。

· 以鲜明的细节，把你想达到的结果想象成既成事实。

· 选对时间：先查查太阳的情况，选一天你感觉身心康健的日子。

· 站到一边：顺服于宇宙的力量，把结果交托出去。

第十四章　个人念力实验

如果你已经热过身，那你在日常生活中又可以用念力带来哪些改变呢？为了帮助各位找出答案，我在一些科学家的协助下设计了一系列非正式、个人性的念力实验。

以下的"实验"可以用两种方式来看待：一是看成把念力整合到各位生活中的跳板，二是看成一个大型科学实验的拼图板。我鼓励各位把实验结果贴到我们的网站上。

进行这些实验所需要的器材只是一个笔记本和一份月历。一开始时，记下你发送意念的日期和次数。做念力实验时你必须在"念力空间"里先"热身"，然后按照第十三章所勾勒的步骤执行。但是如果你想医治自己而患的又是严重的疾病，那最好是找一位训练有素的治疗师（不管是正统还是另类治疗师）从旁辅助。

每天记录你的念力对象的任何变化。如果你是要医治自己或别人的疾病，那每天观察病情进展。例如，对方整体来说有什么感觉？他哪些症状改善了？他有变得更差吗？有没有任何新的症状出现？如果病情出现严重恶化，马上找专业治疗师咨询，并反省你对对方有没有潜意识恨意。

如果你想改变你与某个人的关系，让你们从非常敌对变得较为友好，那最好是把你们每天互动的情形记下来，以判断是否有任何改变。

用念力为生活带来一些改变

挑选一个目标，试着用念力让一件你希望能发生在你身上的事情实现，最好是极难得或近乎不可能发生的事情。如果它真的实现了，更能断定那是你的念力所起的作用。

以下是一些参考选项：

· 让丈夫忽然送你花——假如他从未送过你花的话。

· 让太太忽然愿意坐下来，与你一起看美式足球转播——假如她以前都拒绝这样做的话。

· 让恶邻居忽然主动与你拉家常。

· 让孩子主动帮忙洗碗盘。

· 让孩子早上自己醒来，不用人催就可以自行盥洗、穿衣服，准备好上学。

· 改变天气（例如，让降雨增加或减少 30%）。

· 让小孩主动整理床铺。

· 让你的狗晚上不乱吠。

· 让你的猫不抓沙发。

· 让丈夫或太太下班后比平常早一个小时回家。

· 让你的小孩看电视的时间减少两个小时。

· 让某个平常冷淡你的同事主动跟你打招呼和搭讪。

· 让你的业绩提高 1 成。

· 让你种的植物生长速度比正常快 1 成。

如果这一类的目标收效，各位就可以尝试复杂的目标。不过，刚开始时只试图影响一件事情就好，如此才容易量化和判断那是由你的意念所起到的作用。

逆向念力

· 如果你有什么身体毛病，那想象你回到了毛病刚开始出现的时候，用意念使之缓解，再看看你现在有没有觉得好些。

· 如果你与某人形同陌路，那想象你回到了你们发生龃龉的时间点，发送念力去改变它。务必要把意念的内容说明得清楚明确。

· 问问朋友和家人，你是不是可以为他们 5 年前得过的疾病祷告。这个主意听起来很荒谬，但无伤大雅，他们大概不会反对。为他们从前的疾病祷告过后，观察一下他们现在的健康有没有改善。如果你胆子够大，也不妨为附近医院的病人做这样的祷告，但必须首先得到病人和他们医生的同意。

请把结果传到我们的"念力实验"网站：www.theintentionexperiment.com.

群体念力练习

找一群志同道合的朋友进行群体念力练习。布置一个可供聚会使用的念力空间，在你住的那一地区选择一个实验目标。以下是一些参考选项：

- 改变天气。
- 让暴力犯罪率降低 5%。
- 让空气污染程度降低 5%。
- 减少你住的那一地区某条街的垃圾量。
- 让你寄的信早寄达 1 小时。
- 让小区共同努力的一些目标可以实现（如阻止在小区内建立基地台等）。
- 让涉及小孩的交通事故率减少 30%。
- 让区内学童平均成绩提高一级。
- 让区内虐童事件减少 30%。
- 让非法手枪持有减少 3 成。
- 增加或减少降雨量 1 成。
- 让你住的那一地区的酒徒减少 25%。

请你们其中一位成员负责查找统计数字（意外事故、天气或犯罪方面的数字，视你们要影响的是什么而定），最好是把过去 5 年和附近地区的数字都找出来，这样得到的比较结果会更坚实。

每次聚会时，先确定一个集体意念的目标。热身时运用可视化想象，想象你们是一个单一的实体（比如，一个大的气泡或其他内部统一的东西）。一旦进入集体专注状态后，由其中一个人大声读出意念的内容。接下来，便定期聚会和发送同一意念。仔细阅读发送念力前一个月和之后几个月的统计数字，有任何变化都记录下来。

请把结果传到我们的"念力实验"网站：www.theintentionexperiment.com.

第十五章　群体念力实验

　　现在我要邀正在看书的各位参加一场规模庞大的群体念力实验，那将是历来最大的一场以心控物的实验。

　　透过群体实验，各位将可为增加世人对念力的了解有所贡献。我们的网站除了公布实验结果外，还设有博客和互动单元，可供全世界志同道合的人分享心得和张贴个人念力实验（见第十四章）的结果。

　　当然，我们的实验不是强制性的，不是凡读过这本书的人就非得参加不可。事实上，没有极大热情的人我宁可他们不要参与其事。我需要的是有责任心的参与者，是对这个念力实验严肃以待的人。这是很重要的，因为每个实验都需要花上参与者几分钟到一小时不等的时间，而未来我们甚至会考虑把实验的时间拉得更长一点。

　　想要参与群体念力实验，请先登入我们的网站（www.theintentionexperiment.com）。在那里，各位可查到最新一期实验的举行日期和预定目标。我们会把日期定得与有强烈地磁活动的日子尽量接近。如果想参与实验，最好是把日期记在记事本里，以免忘掉。大型实验花费昂贵，分析实验结果也需要颇长的时间，所以，如果各位错过一次群体念力实验，有可能需要再等上几个月，才会等到下一个。

实验举行几天前请熟读网站上的初步指示，它们会告诉各位，在发送意念之前需要先做过第十三章介绍的许多"热身练习"。各位也会找到你住的那个时区的信息。我们的网站设有时钟（根据美国东部标准时间和格林尼治标准时间设定时间）、倒数定时器和不同时区的时间对照表。这是个世界各地读者都会参与的实验，所以大家是不是能同一时间送出意念至关重要。

由于这是一个科学实验，我们需要的是认真和有点背景知识的志愿者，换言之，是读过这书和了解这种观念的读者。为了过滤玩票的人，我们会要求参与者填入密码（几个月换一次），而密码则是取材自本书的词句。例如，我们会问你，美国精装版的第 57 页（在美国平装版是第 65 页）第 3 段第 4 个字是什么字。想要参与实验，唯一的方法是读过这本书和以正确密码登录，之后，你将会得到一个私人密码，供未来的实验使用。

由于这是一个科学实验，我们需要知道参与者的一些数据，例如，平均年龄、性别、健康程度等，可能的话，我们还希望知道他们有没有若干心灵感应能力。实验当天，会要求各位填写一些个人数据。我们的科学家也设计了一些简短的问卷，有劳各位回答。当然，按照国际与国内数据保护法的规定，这些资料会绝对保密。填写过一次问卷后，各位参与日后的其他实验时将不再需要提供任何数据。

在实验当天网站所规定的时间，你需要向指定地点发送一个设计得谨慎、详细的意念。网站会指导你进行各个步骤。它会要求你先"热身"，进入禅修状态，然后进入慈悲状态，再把意念发送出去。

例如，假设我们的实验是要在 3 月 20 日（星期五）美国东部时间晚上 8 点让位于波普德国实验室里的吊兰长快一点，那么，当天我们的网站将会有那盆吊兰的照片或实时映像，并请各位默想或念出以下字句：我们要让养在波普实验室中的吊兰生长得比控制组的吊兰快 10%。

如果实验是要医治某个病人的伤口，则意念的内容会类似于：我们要让莉萨的伤口比平常愈合得快 10%。

因为这是个科学实验，所以必须把希望的结果设定为显著的和可量化的：例如，快 10% 或慢 10%，又或是比平岿或比控制组温度低摄氏 12℃。

实验结束后，我们的科学团队将会进行分析，再由中立的统计学家检查成果。实验结果会公布在网上。

必须重申，我不能保证实验（不管是初期的还是后来的实验）一定见效。但身为科学家和客观的研究者，我们有责任公布得到的数据。不管初期的实验成功与否，我们都会继续改进实验的设计。一个实验即便不成功，其结果仍能让我们对群体念力的性质有更多了解。这就是前沿科学的本质：

单凭双手不断摸索，在一片漆黑中摸索出正确路径。

　　请常常光临我们网站，张贴你的个人实验结果（见第十四章），查看新实验的预定举行日期。如果你喜欢这本书已写成的部分，那么我们的网站将作为无限制的续集继续向你提供经验。

　　www.theintentionexperiment.com

致　谢

　　《念力的秘密》是由我与许多科学家和医学博士所进行的访谈和通信整理而成，他们包括：哈拉尔德·阿特曼史巴希尔、克利夫·贝克斯特、迪克·比尔曼、查斯拉夫·布吕克内、梅琳达·康纳、埃里克·戴维、理查德·戴维森、约翰·戴蒙德、沃尔特·迪布尔、托马斯·杜特、莎亚坦尼·高希、斯图尔特·哈默洛夫、瓦莱丽·亨特、米奇·克鲁科夫、康斯坦丁·科罗特科夫、斯坦利·克里普纳、萨拉·拉扎尔、莱昂纳德·莱博维奇、托德·墨菲、罗杰·尼尔森、迈克尔·佩尔辛格、迪恩·雷丁、本尼·雷斯尼克、汤姆·罗森鲍姆、梅托德·沙尼加、玛丽莲·施利茨、加里·施瓦茨、杰尔姆·斯通、威廉·蒂勒、爱德华·范·维克和弗雷德·艾伦·沃尔夫。

　　我也访谈过一批训练有素或天赋异禀的念力使用者，包括遥视者英格·斯旺、导师布鲁斯·弗兰齐斯、念力治疗师埃里克·珀尔，外加一批曾经详尽填写我的问卷的具有特异功能的治疗师。

　　我特别要感激以下诸位：弗拉特科·维德拉尔，他教了我最新的量子理论；施瓦茨，他有许多原创观念，又在各方面帮助过我；蒂勒，他不厌其烦地向我解释他的理论；克里普纳，他向我提供了许多名单和研究个案；雷丁，他对逆向念力的科学研究对我启发颇多。以下几位都读过本书关于他们那一部分的手稿，并修正了所有错误：贝克斯特、比尔曼、布吕克内、戴维森、高希、科罗特科夫、克里普纳、拉扎尔、佩尔辛格、波普、雷丁、罗森鲍姆、施瓦茨、斯通、蒂勒、范·维克、韦德拉尔。各种参考书中，我受惠最多的有：拉里·多西的《小心你的祷告内容》、施利茨的《意识与治疗》、丹尼尔·贝诺尔的四大册著作、蒂勒的各种著作、雷丁的《纠缠的心灵》，以及贝克斯特的《本能感知》。网络上刊登的各种参考书对我非常有帮助，包括雷丁《纠缠的心灵》的数目、墨菲《禅修的科学》的书目和史蒂芬·施瓦茨的书目。

我要感谢的还有自由出版社的苏珊娜·多纳休、海迪·梅特卡夫、香农·加拉格尔、安德鲁·保尔森，以及英国哈泼科林斯出版社的万达·怀特利、利兹·道森和贝琳达·巴奇，他们为我的出版计划移除了障碍，每一阶段都给了我大力支持。我的几位编辑，包括莱斯利·梅雷迪斯、凯蒂·卡林顿、安德鲁·科尔曼、"暴力"·维奥拉和布赖恩·肖尔芬，曾以无数方式让手稿得到改善。

另外值得一提的是威尔·阿恩茨、贝齐·沙斯和马克·维森特，他们全都参与过电影《我们到底知道多少？》

的制作，并继续支持《疗愈场》和我的其他计划。我也感激我在"生命意志"公司的全部同事，特别是托尼·爱德华兹、乔安娜·埃文斯、妮科莱特·武范和帕维尔·米科洛斯基，他们全都为《生活在场中》出过大力。

我的两位经纪人拉塞尔·盖伦和丹尼尔·巴洛从一开始就积极参与本书的撰写计划，然后又奔走全球，为它寻找到一些最好的归宿。

我的两个女儿凯特琳和阿妮娅让我认识到念力在日常生活中的威力，所以也是我要感谢的人。

雅恩、邓恩，还有波普、范·维克、索菲·科恩、安娜玛丽和生物物理学国际研究所的全体同仁一起促成了我的第一个念力实验，他们的贡献是无法衡量的。可以说，没有他们，这本书根本不可能存在。

最后，一如以往，这本书的最大功臣是我的丈夫布赖恩·哈伯德，他植下第一颗种子，又加以细心灌溉，让它茁壮成长。

作者简介

[美]琳内·麦克塔格特（Lynne McTaggart）

国际知名作家，美国记者，专门从事现象调查及报道，并创建了念力全球网（www. theintentionexperiment. com）。著有《疗愈场》《念力的秘密2》等。20世纪80年代中期旅居英格兰，创办了时事通讯《医师对你隐瞒的事情》，每期发行数十万份。

图书在版编目（CIP）数据

念力的秘密．释放你的内在力量／（美）琳内·麦克塔格特著；梁永安译．
－－北京：中国青年出版社，2020.4（2025.3 重印）
书名原文：The Intention Experiment:Using Your
Thoughts to Change Your Life and the World
ISBN：978-7-5153-5985-4

I. ①念⋯ II. ①琳⋯ ②梁⋯ III. ①意识－研究 IV. ① B842.7

中国版本图书馆 CIF 数据核字（2020）第 043385 号

著作权合同登记号：01-2016-5864
The Intention Experiment
Copyright©2007 by Lynne McTaggart
Published in the United States by Free Press, a division of Simon &Schuster, Inc.,
New York, New York
中文简体字版权 © 中国青年出版社 2016

念力的秘密：释放你的内在力量
作　　者：[美]琳内·麦克塔格特
译　　者：梁永安
责任编辑：吕娜
书籍设计：瞿中华
出版发行：中国青年出版社
社　　址：北京市东城区东四十二条 21 号
网　　址：www.cyp.com.cn
经　　销：新华书店
印　　刷：山东新华印务有限公司
规　　格：787mm×1092mm　1/32
印　　张：9.75
字　　数：175 千字
版　　次：2020 年 5 月北京第 1 版
印　　次：2025 年 3 月山东第 5 次印刷
定　　价：69.00 元

如有印装质量问题，请凭购书发票与质检部联系调换。联系电话：010-57350337